数学话剧
物镜天哲

刘 攀　邹佳晨　刘欣雨　编著

华东师范大学出版社
·上海·

图书在版编目(CIP)数据

数学话剧·物镜天哲/刘攀,邹佳晨,刘欣雨编著. —上海:华东师范大学出版社,2021
ISBN 978 - 7 - 5760 - 2014 - 4

Ⅰ.①数… Ⅱ.①刘…②邹…③刘… Ⅲ.①数学—普及读物 Ⅳ.①O1 - 49

中国版本图书馆 CIP 数据核字(2021)第 150168 号

本书出版获资优生创新能力的发现和培养(经费号：48604420)和教育部重大专项-本科教学工程子项目：数学文化传播(经费号：40400 - 21301 - 512200/001/058)的支持

SHUXUE HUAJU WUJING TIANZHE

数学话剧·物镜天哲

编　著　刘　攀　邹佳晨　刘欣雨
策划编辑　倪　明
责任编辑　孔令志
责任校对　刘伟敏　时东明
装帧设计　张　萍　何莎莎

出版发行　华东师范大学出版社
社　　址　上海市中山北路 3663 号　邮编 200062
网　　址　www.ecnupress.com.cn
电　　话　021 - 60821666　行政传真 021 - 62572105
客服电话　021 - 62865537　门市(邮购)电话 021 - 62869887
地　　址　上海市中山北路 3663 号华东师范大学校内先锋路口
网　　店　http://hdsdcbs.tmall.com

印 刷 者　上海盛隆印务有限公司
开　　本　787×1092　16 开
印　　张　13.75
插　　页　4
字　　数　263 千字
版　　次　2021 年 9 月第一版
印　　次　2021 年 9 月第 1 次
书　　号　ISBN 978 - 7 - 5760 - 2014 - 4
定　　价　58.00 元

出 版 人　王　焰

(如发现本版图书有印订质量问题,请寄回本社客服中心调换或电话 021 - 62865537 联系)

《无以复伽》，2012 年 11 月，华东师大闵行校区大学生活动中心

《物竞天哲》，2013 年 11 月，华东师大闵行校区大学生活动中心

《竹里馆 听书声》，2014 年 10 月，华东师大闵行校区大学生活动中心

《哥廷根数学往事》，2015 年 10 月，华东师大紫竹教育园区音乐厅

《物镜天哲》，2016 年 11 月，华东师大紫竹教育园区音乐厅

《几何人生－大师陈省身》，2017 年 12 月，华东师大紫竹教育园区音乐厅

《黎曼的探戈》，2017 年 10 月，华东师大中北校区思群堂

《几何人生 II》，2018 年 10 月，华东师大紫竹教育园区音乐厅

《数海巾帼》，2018 年 10 月，华东师大中北校区思群堂

《让我们从几何原本谈起》，2019 年 12 月，华东师大中北校区思群堂

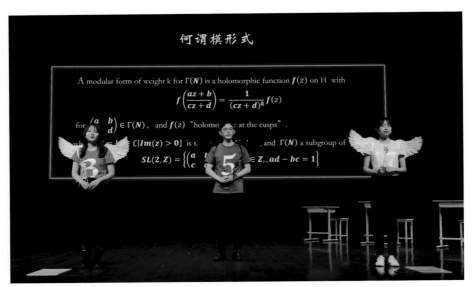

《费马大定理》，2020 年 11 月，华东师大紫竹教育园区音乐厅

《费马大定理》，2020 年 11 月，华东师大紫竹教育园区音乐厅

序 一

　　一提到数学,很多人都头疼,但它又是一门基础学科,那么如何提高大家对数学的兴趣和了解呢? 有声有景有剧情的传播无疑是最有效的方式之一。

　　电影无疑是最有效的传播。数学家成为电影的题材,这在国际电影界已经比较常见了。比如,关于著名数学家约翰·纳什的影片《美丽心灵》(A Beautiful Mind),关于人工智能奠基人、天才数学家阿兰·图灵生平故事的影片《破译密码》(Breaking the Code),关于印度数学家拉马努金传奇人生的影片《知无涯者》(The Man Who Knew Infinity)等都获得了很高的社会认可。这些电影让普通大众了解科学家的人生经历,以及他们对科学作出的伟大贡献。特别是,《美丽心灵》获得 2002 年度奥斯卡最佳影片奖,产生了巨大的社会影响。

　　关于数学家的纪录片也有很多,比如,关于古希腊数学家阿基米德的纪录片《阿基米德的秘密》(Infinite Secrets of Archimedes),关于近代数学家牛顿的纪录片《牛顿的黑暗秘密》(Newton's Dark Secrets),关于"古怪"数学家厄尔多斯的纪录片《N 是一个数:保罗·厄尔多斯的写真》(N Is a Number:A Portrait of Paul Erdös)等。让我印象最深的是《山长水远:陈省身的一生》(Taking the Long View:The Life of Shiing-Shen Chern),此片以国际的视野,从不同角度展示了陈省身的学术成就和人生历程。陈先生不仅有令人钦佩的数学贡献,还是一位伟大的科学战略家,其高尚的人品和卓越的远见影响了众多的优秀学者。

　　关于介绍数学的纪录片也有很多,在这方面比较有名的有《维度:数学漫步》(Dimensions:a walk through mathematics)《神秘的混沌理论》(The Secret Life of Chaos)《密码》(The Code)等。这些影片以通俗的语言,让更多观众可以领略数学之美。

　　看过很多数学电影,但把数学故事搬上舞台却不多见。数学话剧是数学文化传播的一种新形式,依托话剧这样一种演绎方式,将数学融入其中,将数学内容生活化、艺术化、通俗化。2012 年起,华东师大数学科学学院"物镜天哲工作室"团队集聚了一大批老师和学生,连续九年排演了17部原创数学话剧,到全国各地巡回演出,现场观众达两万余人次,还有十万人次线上欣赏了这些话剧。从2012年最初的《无以复伽》,到2021年的《素数的故事》,讲述了伽罗瓦、笛卡儿、费马、牛顿、莱布尼茨、欧拉、陈省身、张益唐等数学家的传奇故事,以及和这些人物紧密相关的数学理论,有效地帮助学生们了解数学的发展,提高他们对数学的兴趣。华东师大数学话剧团队多年来坚持原创数学话剧活动,在国内大学里应该是首创,在此我发自内心地为他们点赞。

对数学话剧的创举,我想在此谈三点感想。

第一,这是一手传播,创作者和组织者都是数学行家,他们对数学故事如数家珍,信手拈来,所以可以把最精彩的故事选出来,保证了原材料的优质。而话剧有舞台,有场景,有对话,有表情,可以让大家穿越古今,带动观众进入角色。一幕话剧可以把厚厚的一本书浓缩到一两个小时,在短暂的时间内把精华呈现给观众,充分达到寓教于乐的目的。

第二,这是培育新时代数学老师的最好方式。华东师大话剧团队的演出人员大都是自己的学生。学生四年就毕业离开了,但是他们的学弟学妹又接上来。年复一年,精彩继续,不断有新鲜血液加入。现在大部分大学都想发展成综合性大学,强调科研,为了追求经费和排名,慢慢忘了教书育人是大学的核心和我们的初心。而师范大学的初心就是要培养对育人充满激情的园丁,让学生在毕业之前就能有这样美好的实践机会,是一个绝佳的创举。

第三,数学话剧团队的公益精神非常可嘉可敬。把巡回演出作为公益活动,主动到大中学校演出,让更多的学生,特别是中学生,在繁忙的学习时间里比较系统地了解微积分的故事、素数的故事、对数的故事、微分几何的故事,这是一个有效的传播数学文化的手段,是一个功德无量的做法。

大家将阅读的这本《数学话剧·物镜天哲》就是华东师大的数学同仁们长期以来不断探索的结晶。作者把这些年的部分剧本和这些话剧的相关故事,结集成册,其目的就是让更多的读者能够欣赏数学之美,我觉得这是非常必要也是非常及时的。

我特别想指出的是,我和山东大学刘建亚教授共同主编的《数学文化》期刊使我有机会结识本书的作者之一刘攀。刘老师发表了好几篇大作在《数学文化》上,因此我们神交已久。2019年8月《数学文化》创刊十周年纪念会上,我们在贵阳首次见面。刘老师对话剧创作的执着、对巡回演出的热情,给我留下了深刻的印象。这次他出面请我写一个序言,我也很愉快地接受了他的邀请。我认为华东师大的数学话剧实践是数学文化传播的一个实实在在的创举。在此我衷心地向创作者致敬,也真诚地向广大读者推荐此书。希望大家能通过书中的数学故事和数学内容,不仅学到知识,最主要的是抛开对数学的畏惧,产生对数学的喜爱,很自然地感受到数学之美。

2021 年 6 月 16 日

汤涛,中国科学院院士,北京师范大学－香港浸会大学联合国际学院校长

序 二

数学常常被公众以及相当一部分学生视为枯燥乏味的学科。一个多世纪以前,英国学者赫佩尔(Heppel)曾在一次学术会议的报告中,引用了一首打油诗,说明人们对枯燥乏味的数学课本的嘲讽:

> 如果又一场洪水暴发,
>
> 请飞到这里来避一下,
>
> 即使整个世界被淹没,
>
> 这本书依然会干巴巴。

诗中所讲的那场洪水,能够淹没整个世界,却未能浸湿我们的数学书,这是作者对数学的辛辣讽刺。今天,世人对数学的印象似乎并未改善。

人们对数学的刻板印象与他们所经历的学校数学教育息息相关。在很多教师的信念中,数学就是由众多概念、公式、定理和问题等冷冰冰的知识组成的一门学科,学生学习这些知识,一切都是为了解题。卷子上分数的高低,就是数学学得好坏的唯一标准。于是,在升学的巨大压力之下,出现了数学教学中的"重分数轻情感、重结果轻过程、重技术轻文化、重教书轻育人"的现状。在以"立德树人"为教育根本任务,提倡课程思政、卓越育人的今天,这种现状亟待改变。

作为长期在高校从事数学教学和研究工作的教师,我们常常思考一个问题:我们需要培养怎样的数学教师和数学研究人才?是拥有不错的数学成绩却持有消极数学情感的数学教师吗?是具备不错的研究能力却拥有低级情商的数学教师吗?是每天只会解题,却从不思考数学与人生幸福之间关系的数学教师吗?是只会与数字、符号打交道却不会与人打交道、终身保持自我为中心思维习惯的另类吗?倘若我们培养的是这样的数学教师,那么我们的数学教育就是"瘸腿的"教育。

正是基于这样的思考,我们深深感到在数学与人文之间架设一座桥梁的重要意义,数学话剧就是这样一座美丽的桥梁。

歌德曾经说过:"一门学科的历史就是这门学科本身。"(《颜色理论》序)同样我们可以说:数学的历史就是数学学科本身。一名数学研究者未必认同这一观点,但对于数学教育工作者而言,这一观点却是无法否定的。数学教科书在呈现一个概念、一个公式、一个定理时,所用的文字不过寥寥数行,最多也不过几页,也就是说,相关数学知识是经过逻辑包装、经过裁剪加工的"压缩品"。在这种"压缩品"中,我们往往已经看不到知识的发生和发展过程,更不能看到知识与人的创造活动之间有何关联。因此,数学教师的教学工作就是"解压""解密"和"解惑",也就是在课堂上"再现历史",是引导学生完成"再创造"的过程。从这个意义上说,数学的教学,就是数学历史的教学,当然,这里所说的历史,并非原原本本的历史,而是经过重构的历史。

数学的历史告诉我们,正是不同时空的人创造了数学,人是数学活动的主角。在数学历史的星空,有无数的先哲,他们在数学创造的过程中执着地追求真善美,在为数学学科增添新知的同时,也为我们留下了宝贵的精神财富:泰勒斯(Thales,前 6 世纪)因天文观测而掉入阴沟,阿那克萨哥拉(Anaxagoras,前 499—前 428)身陷囹圄而探索不止,阿基米德(Archimedes,前 287—前 212)因沉迷数学而被罗马士兵杀害,希帕蒂亚(Hypatia,约 370—415)因追求真理而死于基督徒之手,祖暅(456—536)思考数学问题时"雷霆不入",拉缪斯(P. Ramus,1515—1572)身为一介书童却逆境成才,韦达(F. Viète,1540—1603)研究数学时常常三天三夜不出房门,纳皮尔(J. Napier,1550—1617)二十年如一日,为简化天文大数计算而发明对数,牛顿(I. Newton,1643—1727)避疫期间在光学、微积分和力学领域取得划时代意义的成就,索菲·热尔曼(S. Germain,1776—1831)在墨水结冰的冬夜仍勤奋学习,华里司(W. Wallace,1768—1843)书写从学徒工到大学教授的人生传奇,斯坦纳(J. Steiner,1796—1863)家境贫寒却自强不息……这些优秀历史人物的事迹,有着丰富的教育价值。

数学话剧就是要将这些历史人物在数学创造过程中的故事搬上舞台,其教育价值有:

● 促进数学学习

在编剧过程中,学生需要深入了解相关主题的历史背景与所涉及的思想方法,因而拓展了学习空间。

● 走进先哲心灵

学生在数学话剧的编排和上演过程中,需要克服以自我为中心的思维习惯,穿越时空,与古人对话,走进古人的心灵之中,从而养成倾听、尊重的个性品质。

● 改变数学信念

数学是人的文化活动,人非圣贤,不断会犯错误。所以,数学历史充满谬误,充满争论,充满挫折和失败。所以,我们今天在学习过程中所遇到的困难乃是稀松平常之事,不必因为暂时的挫折而灰心丧气。

- 传递人文精神

历史上那些为数学和人类文明作出重要贡献的数学家,都是求真务实、勤奋执着、不惧艰难的人,正如明代科学家徐光启(1562－1633)所云:"吾避难,难自长大,吾迎难,难自消微,必成之!"数学背后蕴含着十分丰富的人文精神。数学家为什么研究数学? 对于这个问题的深入思考,能够帮助学生思考生命的终极意义。

- 跨越学科鸿沟

数学并非"孤岛",数学历史揭示了数学与物理、天文、航海、建筑、艺术、文学、历史、哲学等人类其他知识领域的密切关系,有助于学生更深刻地理解数学的价值。

本书收录的三部数学话剧《大哉言数》《曲线传奇》和《物镜天哲》,分别再现了 17 世纪三大数学成就——对数、解析几何和微积分所涉及的人物故事,从中我们可以品味纳皮尔和布里格斯的旷世之约,欣赏费马和帕斯卡的数学交流,痛惜笛卡儿的北欧之旅,叹惋牛顿和莱布尼茨的微积分发明权之争;我们也有机会回望 17－18 世纪欧洲数学舞台上的璀璨群星:约翰·伯努利、雅各布·伯努利、惠更斯、泰勒、阿巴斯诺特、棣莫弗等;同时,我们还有机会走进历史深处,追溯对数、解析几何和微积分的思想渊源,直面当时数学家所解决的热门难题,并徜徉于奇妙的曲线世界,感受数学的巨大魅力。

本书编者刘攀老师是一位热爱数学文化、极富教育情怀的数学家,多年来,不计名利、心无旁骛地创作了一部又一部的数学话剧,在国内产生了很大影响,同时,也培养了一批又一批热爱数学文化的本科生甚至研究生。如今,数学话剧业已成为华东师大校园文化的品牌之一。

我相信,数学话剧这一独特的艺术形式在不久的将来必将走出象牙塔,走进更多的中学校园,为传播数学文化、改善数学教育、提升数学素养、实现立德树人目标做出更大的贡献。

汪晓勤

2021 年 6 月 28 日
于华东师范大学

前　言

　　此书收录《大哉言数》《曲线传奇》和《物镜天哲》三部原创数学话剧的剧本，以及相关的一些数学故事。

　　华东师范大学数学话剧的创作与实践已经有 9 个春秋。从 2012 年最初的《无以复伽》到 2021 年的《素数的故事》，这九年来我们已排演 17 部原创数学话剧。很欣喜地看到每年的这一数学文化活动之旅都会有许多同学，因为参与话剧的排演而更加喜爱数学；每一次都会有不少同学，因为观看数学话剧而品味到数学文化的魅力。每一回的话剧月活动，都带给我们浓浓的感动。这本小书中的《大哉言数》和《物镜天哲》分别是在 2014 年和 2016 年推出的两部数学话剧。

　　话剧《大哉言数》以对数发明的故事为背景，通过一名现代学生听讲座时走神的穿越，精彩再现了对数诞生前后的传奇之旅。话剧故事讲述了苏格兰数学家约翰·纳皮尔从失意到振作，从武器发明到数学研究 20 年的经历。

　　《曲线传奇》的话剧主题是"解析几何的诞生"。由法国数学家笛卡儿和费马开创的解析几何在数学科学史上有着里程碑的意义，其不单将代数与几何相联姻，创造了数学科学的全新视角，亦为微积分发展所需要的变量数学提供了不可或缺的舞台。解析几何奏响了现代数学和数字化时代的先声，为我们打开了一扇通往全新数学世界的大门。

　　话剧《物镜天哲》围绕人类历史上最伟大的成就之一——微积分背后的数学故事展开。话剧的开篇，由天才的童年时代说起，两位主角的"人文与科学故事之线"交错跌宕，或交相辉映，或你我衬托，最后"相遇"在那一场跨越时空的微积分论战曲中。希望通过这一话剧活动，可以告诉同学们说，微积分学的大厦——拓而广之，任何一门学科大厦——的完工并不仅仅是天才的个人秀，更多的则是诸多大师们集体智慧的结晶。

　　对数的发明、解析几何的诞生、微积分的创始，勾画出在人类文明的进程中，17世纪数学三项最伟大的成就。经由数学话剧的创作与舞台演出，或可以让这些数学与人文故事更好地走进学生的生活,帮助更多的学生培养数学学习的兴趣,让更多的人了解数学、喜爱数学。

数学话剧也可以是一种实践数学教育教学的新模式。以数学话剧的模式来引领文化教育与创新,通过相关的科学知识与人文故事的讲授,同学们参与话剧的演出,可以更好地达到科学技能与人文素养同步提高的目的。在引导学生树立"科学自信"的同时,以数学话剧这一"润物无声"的形式,亦可将可贵的团队合作精神和科学工匠精神有效地传导给同学们。

回顾这些年的数学话剧的编演历程,我们收获了诸多的感动和启迪。尽管参与演出的同学们并不是专业的演员,但他们大都洋溢着专业演员的精神。在从排练到演出的这一个多月间,话剧组的所有同学带着热情、专注,为着同一主旋律而努力,这是十分可贵和动人的。在那些日子里,我们为此群策群力,才得以成就那些话剧演出的精彩夜晚! 这是数学话剧与舞台带给我们的力量。

伽罗瓦、纳皮尔、笛卡儿、费马、牛顿、莱布尼茨……

数学的故事说不完。话剧可以因为数学而无限精彩!

这部小书可以作为高等院校大学生的科学人文类通识课程的辅助教材,也可以是中小学的数学拓展类课程的参考书。期待数学话剧可以早日步入中小学的校园。

关于本书的形成,得感谢许多同学和老师们。在我们这近十年的数学话剧创作中,有太多的同学需要感谢:康维扬、卢昊宇、张奕一、兰彧、韩嘉业、林玉容、贾亦真、李艳……因为多,因而不再一一具名。很欣喜看到这些年有不少同事的孩子们参与话剧演出,谢谢他们为我们的数学话剧和文化传播增添精彩! 也谢谢他们的爸爸妈妈们和这许多关心数学话剧的老师们。

这些年的数学话剧活动离不开学校和院系内外许多老师和同学们的支持。每一年的数学话剧都会有许多同事和同学以这样或者那样的方式传递着数学和文化的力量,谢谢他们。在此谨向如下的老师们致以特别的感谢:汪晓勤教授、贾挚副教授、谈胜利教授、熊斌教授、潘建瑜教授、羊丹平教授、范良火教授……他们既是数学话剧的热心观众,又是这一科学文化教育活动的顾问。这里要特别感谢华东师范大学出版社倪明老师对数学话剧的热心和引荐,以及孔令志老师的辛勤编辑工作,此书才得以如期与读者朋友们见面。

感谢中国科学院院士、北京师范大学-香港浸会大学联合国际学院校长汤涛教授,华东师范大学汪晓勤教授,欣然为本书倾情作序。

感谢北京大学史宇光教授,清华大学刘钝教授,复旦大学程晋教授,上海交通大学肖冬梅教授,北京师范大学曹一鸣教授,华东师范大学熊斌教授,为这部小书热情撰写了推荐语。

特别感谢我们的家人,谢谢他们对数学话剧活动的默默支持。

这些年的数学话剧活动得到了国家自然科学基金委项目与华东师范大学校园相关经费的资助。而此书的出版,得到上海市核心数学与实践重点实验室项目经费和学校教务处项目经费的资助。在此呈上我们最真挚的感谢!

这些数学话剧本依然有着诸多可以再完善的空间。不管是《大哉言数》《曲线传奇》,还是《物镜天哲》,每一个伟大的数学故事,值得我们演绎许多次,以期待它的完美!这部小书只是抛砖引玉,以期待有许多更为精彩的数学话剧作品。

我们真诚地希望,数学话剧可以为传播数学文化,为改善数学教育,贡献一己之力。

编者

2021 年 2 月 20 日

于华东师大闵行校区数学馆

目 录

一

大哉言数

——刘攀　邹佳晨

刘晓宇　王家悦　桑恬

第一幕

第一场　大哉言数（上）

> **时间**：2014 年 6 月的某一天
> **地点**："E 大 3 教"的某间教室
> **人物**：Prof. X（讲座者）
>
> 　　　　叶琳（一名大二学生，对数学的故事有些许好奇）
>
> 　　　　林三（叶琳的同学）
>
> 　　　　若干其他同学

伴随这一话剧的开篇曲，屏幕上（经由 PPT）将呈现如下的文字：

The miraculous powers of modern calculation are due to three inventions：the Arabic Notation，
Decimal Fractions，and Logarithms...

—FLORIAN CAJORI（A Historian of Mathematics）

现代计算的神奇力量源自三大发明：阿拉伯数字、小数和对数……

——著名数学史家卡约黎教授

［灯亮处，舞台上出现有老师和众同学的身影。这是有关"大哉言数"的讲座。

Prof. X　一百多年前，有一位名叫卡约黎的著名数学史家曾如是说，"现代计算的神奇力量源自三大发明：阿拉伯数字、小数——和对数"，时隔 100 多年后的今天，这段文字依然可带给我们以启迪和收获……（环顾四周，停了停）是的，对数的理念和隐藏在其中的大数故事，正是今天这一讲座的主旋律……

Prof. X　对数的发明可谓是科学史上的一大奇迹。有别于数学上许多其他的发现，它未曾借助当时已知的智慧结晶和数学理念，其犹如黑夜里的一道闪电划破长空，那么突然、孤立而又出乎人们意料地出现了。（稍停处）这一天才的创造，源自一个叫约翰·纳皮尔的数学家。

Prof. X　（屏幕上呈现约翰·纳皮尔的名字和图片）让我们先来说一说，这位看上去似乎不太靠谱的先生吧。（众人笑）约翰·纳皮尔，1550 年出生于苏格兰爱丁堡附近的一个名叫梅奇斯顿堡（Merchiston Castle）的小镇。其早年的职业几乎与他在数学上的创举毫无瓜葛。早年的纳皮尔是一个狂热的新教徒。他也对军事有着浓厚的兴趣,有不少关于武器的设想,已经具备现代兵器的雏形。关于他早年的轶事也是十分有趣——

[说到此处,所有背景灯光暗下,演员从舞台左侧小剧场上,在讲座者的背后演哑剧。聚光灯对准小剧场。

Prof.X　比如有一次,邻居家的鸽子飞到纳皮尔的地里偷食。(邻居左,纳皮尔右,鸽子从邻居处飞往纳皮尔处作啄食状,纳皮尔惊讶)纳皮尔为此极为愤怒,于是警告其邻居,如果再管不住这些鸽子,他就会逮了它们。(纳皮尔表情愤怒,面朝邻居,手指鸽子)邻居并不买账,回应说:"悉听尊便。"(邻居撇头嚣张状)次日,邻居便发现他家的鸽子都半死不活地躺在纳皮尔家的草坪上。(邻居惊讶,鸽子软趴趴倒下)原来,这些鸽子吃过纳皮尔用烈酒泡过的谷物后醉倒了。(纳皮尔哈哈大笑状)

[聚光灯暗,小剧场众人从左侧下,背景灯亮。(若可以的话,不妨再以舞台哑剧的形式呈现纳皮尔更多的传奇故事)

Prof.X　时至今日,纳皮尔的这些故事虽仍被人们所津津乐道,但他的名字被永恒地载入数学或者说是科学的史册,却是因为对数这一伟大的发明。(稍停处,续道)我们不禁要问,为何对数的发明是如此重要……以至于称得上是科学史上的一大奇迹? 我们来看 16—17 世纪的欧洲,文艺复兴唤起的知识觉醒,急剧地改变着人们的世界观:哥白尼的"日心说"在经历近一个世纪与教会的斗争后终于逐渐地为人们所接受;1521 年,麦哲伦的环球旅行宣告了游遍地球每个角落的崭新航海探险时代的到来;科学上伽利略正在奠定力学的基础,开普勒创立了行星运动三大定律,这些都带来了庞大而繁琐的数学计算需求,科学家渴望一种新的发明,让他们可以从这些繁琐的运算中解放出来。(稍停处)是时势造就英雄,还是英雄造就时势? 20 年的努力,幻化作一曲奇妙的对数表,这便是纳皮尔无与伦比的工作,那么对数到底有何用处呢?

Prof.X　我们不妨来看这样的一个例证:(他拿出一张纸)这是一张纸,如果这样子对折,再对折……如此重复 41 次,你们认为会有多厚呢?

同学 I　我想,这个厚度会是我们学校两个校区间的距离。

同学Ⅱ　我觉得,嗯,应该比北京到上海的距离还大!

Prof.X　(笑了笑)这个厚度会超出你们的想象,它是——地球到月球的距离。

　　　　[众人先发出惊叹声,然后声音逐渐变大变嘈杂,质疑议论状,再逐渐变小。

林　三　(对叶琳悄悄道)老师在骗人吧? 你觉得真的会有这么厚?

叶　琳　也许……吧?(心不在焉状,眼睛出神地望着某个地方)

旁　白　叶琳感到惊讶与疑惑,作为对天文学有浓厚兴趣的人,她的思绪早已从地月之间,飞到了遥远的宇宙……

叶　琳　(用旁白的方式)地月距离真是个巨大的数字,那宇宙中其他星球之间的距离又是怎样的呢? 这其中肯定也会有复杂庞大的计算吧? 对数在这之中,又起到了怎样的作用呢? 天文学的研究也是离不开数学的吧……

同学Ⅰ　真的么? 老师不会在骗我们吧?

Prof.X　在座的同学们中,可能有不少人对这表示怀疑。啊哈,可是我何必要骗你们呢……让我们来简单地算一算(边折纸边说道)——设想这张(薄薄的)纸片的厚度是 0.02 厘米,则对折后是 0.04 厘米,再对折后是 0.08 厘米,然后则是 0.16 厘米……如此对折 41 次后将是($2^{41} \times 0.02$)厘米,这个厚度超过 40万千米,是不是比地月间的距离 38 万多千米还多得多!

　　　　[屏幕上打出了如下的文字:$2^{41} \times 0.02 > 4 \times 10^{10}$(厘米)$= 40$ 万(千米)(这里有对数理论的秘密哦)。众人再次发出惊叹声。

　　　　[灯光渐暗处,聚光亮灯给叶琳,体现一种"身边的整个世界都安静了只剩下自己"的感觉。Prof.X 和同学们做无声讲课状和听课状。

旁　白　心中的许多疑惑转化为一声声惊叹。对数神奇的魅力叩开了许多同学的心扉,其中的一个,正是那个名叫叶琳的同学。只是,讲座在继续,她却似乎听不见了……

叶　琳　(以旁白方式)如此庞大复杂的计算,竟隐藏在小小的对数中,这神奇的发明都来自中世纪的欧洲……真是向往这样一个伟大的时代……

　　　　[灯暗处,众人下。随后 PPT 上出现如下字幕。

第二幕

第一场 初临异乡

> 时间： 1593 年的某一天
>
> 地点： 苏格兰斯特灵加特尼斯(Gartness)小镇
>
> 人物： 约翰·纳皮尔(John Napier)(苏格兰数学家,对数的发明者),叶琳(穿越时空而来),黑鸡(纳皮尔故事传奇中的那个它),女仆若干,男仆若干

旁　白　当叶琳从迷茫中回过神时,整个人都惊呆了!

叶　琳　(从舞台右边上)这是哪儿呀? 怎么边上都是些古老的房子、异国的面孔? 还有我怎么穿着这一身衣服……我这是在梦中,还是来到了童话中的国度? (四处张望,好奇,疑惑)

女仆一　(左侧上)艾琳! 艾琳! 快点儿! 你在干什么呢! 纳皮尔先生可是在找我们呢!

叶　琳　哎? (一头雾水)

女仆一　哎什么哎呀,快点啦! (拉起叶琳就走,说话略快,不给叶琳打断的机会)纳皮尔老爷心爱的怀表被人偷了,(叶琳:啊?)这不正要找大家去问话呢! 也不知道是谁这么缺德! 快走! (叶琳:哎? 慢点慢点!)

　　〔两人左侧下,灯灭,纳皮尔、其他群演、黑鸡上,纳皮尔靠右,黑鸡在纳皮尔边上自顾自"整理羽毛",群演在中间,女仆在前,男仆在后站两排,灯亮。

　　〔女仆一拉着叶琳小步跑上,向纳皮尔行礼,叶琳慌乱间学女仆的动作行礼,被女仆一拉着站在女仆队伍靠外侧,叶琳最外。

女仆二　(微微歪头,对女仆一)好慢!

女仆一　嘘! (装模作样站好)

　　〔叶琳有样学样,偷偷地看着边上的情况。

纳皮尔 那么,看样子人都到齐了。发生了什么事我想大家也已经听说了。对此我感到十分的心痛。我们的家里竟然出了这样一个小偷。当然我愿意相信,他只是暂时被魔鬼迷惑了心智。不过不要紧,瞧(指向边上黑鸡,黑鸡立马抬头挺胸自豪状),因主的恩惠,它可是有着不小的神通:只要每个人轻轻拍他一下,它便能立马分辨出那人是否有罪。那么,就请各位依次上前吧!

［众仆排队依次轻拍黑鸡,同时旁白出。

叶　琳 (旁白)咦?好熟悉的桥段!这些人怎么都没看出这个计谋?啊,对了,刚才听到说那位主人是谁?好像是纳皮尔!难道就是那个纳皮尔?我竟然到了这个时代,这个地方,还成了他家的女仆?天哪!(此时正好轮到叶琳,正好配合万分惊讶的表情)

纳皮尔 怎么?小艾琳你不相信么?

叶　琳 不不不,当然相信。(笑,就像狐狸偷到鸡,意思是自己看穿了)

纳皮尔 哦?呵呵呵……(意味深长)

［众仆依次都拍过鸡,又依次站回原来的地方。

纳皮尔 很好,现在就该宣判结果了。(回头装模作样和鸡交流了下,点点头)

纳皮尔 它说:主的旨意让那个被魔鬼迷惑的人与众不同,因此有着特殊的标记。你们不妨看看,谁是那个被标记的啊!

叶　琳 (立马配合)啊!怎么回事,我的手上有好多灰哎!刚刚才洗过手的呀!

［众仆闻言立刻看向自己的双手,纷纷惊呼"我也是""怎么回事"之类的话,只有一人(男仆一)表情僵硬,没有看手。

男仆二 (对男仆一)嘿!哥们儿,你的手呢?呃——怎么看起来你不大舒服?这么紧张——难道说!

众　仆 什么!原来是你!

纳皮尔 哦——看来我们找到那位先生了。嗯?是你?听说最近你的父亲得病了急需钱去治疗?哎,若是真有过不去的困难为何不直接来找我呢?我想我还没那么不通情达理吧!

男仆一 (单膝跪地,略带哭腔)对不起!老爷!对不起!

纳皮尔　看在你也是一片孝心的份上——这样吧,那个怀表如果已经卖了那就算了,你父亲治病还需多少钱? 不过,这些以及怀表的钱我可要慢慢从你今后的工钱里扣双倍的,可好?

男仆一　(痛哭)多谢老爷! 多谢老爷!

纳皮尔　下不为例!(对男仆一)嗯,都散了吧,散了吧!(对众仆,众仆包括叶琳闻言从左侧下)哦,对了,小艾琳,(叫住叶琳,叶琳回头)如果有兴趣的话,可以闲时自己去我的书房看看书,我想你会喜欢那书中的科学故事的。

叶　琳　好的,谢谢老爷!(行礼,从左侧下)

　　　　[纳皮尔从右侧下,黑鸡跟随。灯灭,换景。

时间：1594 年前后

地点：苏格兰斯特灵的加特尼斯小镇

人物：纳皮尔，约翰·克雷格（天文学家和数学家，同时也是
纳皮尔和丹麦天文学家第谷·布拉赫的朋友），叶琳

旁　白　16—17 世纪之交的欧洲，宗教改革运动此起彼伏，苏格兰转向了新教。当时相传信奉天主教的西班牙国王菲利普二世要派无敌舰队来攻打英国，纳皮尔于是研究各种兵器准备保卫英国。在他的兵器猜想库里有"使敌舰着火焚烧的巨镜"——这是依照"数学之神"阿基米德保卫锡拉库扎的计划设计的，有可以"清除方圆 4 英里之内所有高度超过 1 英尺的生物"的大炮，有带有"可移动火力点"的战车，甚至还有一种"潜行于水下、自带驱动和其他破敌设施"的装置。这些武器已具备了现代兵器的雏形。虽说在纳皮尔的武器制成前英国已赢得战争，他还是成了英雄人物……这不，英雄也有英雄的烦恼。

［灯亮处，舞台上出现纳皮尔的身影。他站立在舞台中央，微侧向右，面对观众，开始了如下的独白。

纳皮尔　仁慈的主！请您倾听我的诉说。我恳求您的原谅，在最近的几年里，我没能如一个最真的信徒般严守戒律。整个战争的过程与我的所谓发明没有任何关系，然而众人却给予我万分的推崇和赞美。这对于我却是一种毒药。我深知我配不上这些，然而人们却仍然在不断地歌颂我，一切都像是诅咒，肆意摧残着我不安的灵魂，使我变得暴躁近乎失去理智。这让我感到窒息，我该怎么办？

［在其沉默约有 1 分钟后，叶琳从舞台的一边上。

叶　琳　老爷，有一位来自皇宫的约翰·克雷格先生前来拜访。

纳皮尔　（稍作整理，调整一下情绪）哦？快请他进来。

[叶琳往左侧,做请的动作,克雷格从舞台的左侧上。

克雷格　纳皮尔先生您好,很抱歉前来打扰您。

纳皮尔　(出门迎上前去,两人握手)不不不,这是我的荣幸,我也是久仰先生大名啊! (将克雷格引入房间)坐!

[叶琳下,端茶递水再上,倒茶,下。

纳皮尔　那么,不知您前来是……

克雷格　先生可知,我在任职陛下的御医之前,曾出海前往欧洲大陆游学。一次在海上却是遭遇了大风暴啊。待得雨过天晴,你猜那船漂到了哪里?都到了第谷的天文台了!我想,主啊,我也是对天文学很有兴趣的,便索性去拜访了下。在那里我有幸遇到了第谷本人、他的助手开普勒和龙果蒙塔努斯(Longomontanus)。那可都是当今天文学界赫赫有名的人物啊。他们热情地带我参观了天文台,还向我演示了他们平时是如何工作的。(微微一顿)纳皮尔先生对天文学也有一点了解吧!

纳皮尔　嗯,略有涉猎。(依旧心情不好)

克雷格　那么,想必您也知道,当今天文学研究者们在观测、预测过程中要进行不少计算,其中又以大数的乘法计算最为繁琐。

纳皮尔　是的。

克雷格　他们便向我介绍了他们正在使用的方法——一种类似于三角函数积化和差的方法,从而能够更快得到运算结果。

纳皮尔　嗯,据我所知,现在的学者大都在使用这种方法。(依旧心情不好)

克雷格　没错,但其实,这种计算方法仍然十分繁琐,需要花费大量的时间。不过,我当时听龙果蒙塔努斯这位第谷的弟子说,他曾经考虑寻找一种同样能将乘除法转化为加减法的更好、更方便的计算方法。不过最后由于平时工作过于繁忙而放弃了。

纳皮尔　哦?那么您的意思是——(依旧心情不好)

克雷格　嗯,众所周知的,纳皮尔先生您是一个富有智慧和创造力的学者,可是弄出了不少的发明呢——

纳皮尔 别提了,您确定您不是来讽刺我的吗,您也知道我的那些所谓发明可没有派上任何用处。(有点火气,抗拒)

克雷格 不不不,我对先生的创造力可是万分钦佩的。在这方面,先生可以说是当今苏格兰的最强者。而我前来,也正是希望先生您能够发挥您的创造力——您看,不仅仅是第谷他们或是像我们这样对天文学有兴趣的人,我想其实现在全世界都迫切地希望找到一种全新的计算方法来解决大数乘法问题,不是么。

纳皮尔 您的意思是希望由我来专门研究这个问题?

克雷格 当然! 至少据我所知,在苏格兰乃至整个不列颠岛都没有比您更合适、也更有可能成功解决这个问题的智者了。

纳皮尔 哦,您可是太过恭维我了。我想我还是——(想拒绝)

克雷格 (打断)这可不是恭维。事实上,欧洲大陆上的那些国家也有不少人在思考这一问题,但都没有结果。我们可不能让那些天主教徒看扁了,不是么!

纳皮尔 我想您说的对。王国的荣耀也不允许我们放任那些欧洲大陆上的人专美于前。

克雷格 (激动)您……您的意思是——

纳皮尔 我想,我很荣幸能有机会再次为王国的荣耀而战斗——我可不想一辈子当个无用的发明者。

克雷格 那可实在是太好了! 那我就此预祝您的成功,我会在爱丁堡随时静待您的好消息!(两人起身握手)

[灯暗处,众人下。有旁白出。

旁 白 就这样,找到了新的目标的纳皮尔,憋着一口气,就这么开始了简便乘法计算方式的研究。然而,这毕竟是一个全新的科学征程,研究的过程并没有纳皮尔最初所想象的那么容易。

第三场　时光荏苒二十载

> 时间：1594 年—1614 年
> 地点：书房或其他地方（放些各种发明、研究道具、仪器）
> 人物：纳皮尔，叶琳

〔灯亮处，叶琳从舞台的一边上。

叶　琳　（对观众）终于能歇会儿了。没想到，这个时代的女仆要做的事这么多！没有洗衣机，光洗衣服就要洗个半天！（抱怨）还好，似乎是纳皮尔先生也觉得本小姐天生丽质聪明伶俐（自夸），才减去了我不少工作，还允许我来这书房看书！天哪，这实在是太好了！要知道，这里有不少可都是后世难得一见甚至绝版的原始书籍和资料呢！看看这个时代的学者是如何发现或者发明我们后世耳熟能详的定理，实在是很有趣的事情呢！（走到书堆前）我记得上次看的是一本叫做《整数算术》的书……哈，找到了！（翻书状）

叶　琳　（喃喃续道）迈克尔·斯蒂弗尔著，1544 年，德国……（翻书，看着其中的文字，阅读道）如果将一个等比数列中的任意两项相乘，其结果与我们直接将其指数相加所对应的值相同，呵，原来这个时代，人们就已知晓等比数列与等差数列之间存在这样的对应关系……（继续看书）

女仆一　（舞台外，场外音）艾琳！艾琳！能过来帮我一下忙么？

叶　琳　（对门外）哎——马上就来！（对观众）真是的，又得去忙了！真不知道什么时候才能好好地读完这卷别有趣味的书！（书开着，放桌上，直接往门外去）

女仆一　艾琳！

叶　琳　来了来了！（从舞台的一边下）

〔纳皮尔从舞台的一边上。

纳皮尔　这孩子，总是风风火火的。（朝后看看，摇头）不过啊，她倒确实是非常之聪明伶俐，这不，小小年纪都看上了这富有智慧含量的数学书——哟！《整数算术》！这可是当年我在行旅欧洲大陆时所买的书啊。（拿起，翻看，阅读道）如果将一个等比数列中的任意两项相乘，其结果与我们直接将其指数相加所对应的值相同，嗯，多有意思的一段文字啊。

［经由 PPT 呈现如下图表：

n	⋯	0	1	2	3	4	5	6	7	8	9	10	⋯
2^n	⋯	1	2	4	8	16	32	64	128	256	512	1 024	⋯

纳皮尔 　只是出现在其上的"1，2，4，8，16，⋯"这一数列中的数的乘法过于特殊，⋯⋯若可以将任意两个大数的相乘，转化为某种对应数的加法，那该是多有意义的一件事啊⋯⋯

［他喃喃自语，在屋中随意漫步，时而不经意写下这样那样的古怪公式，比如在草稿纸上或者黑板上的涂鸦是这样的：

$$\sin A \times \sin B = \frac{1}{2}\big[\cos(A - B) - \cos(A + B)\big]。$$

［合上书，放一边，准备写写算算，顿住几秒。

纳皮尔 　若把上面这一数列中的底数 2 换作一个足够小的数为底数，使得相应的幂可以缓慢地增长，从而包含尽可能多的大数，不正是如我所愿吗？（兴奋，但又定住，皱眉，左踱步）只是，这个底数当如何选择呢？（苦恼，皱眉，再苦恼，踱步，依旧皱眉）

［经由场景和光影的变换，许多天过去了⋯⋯又许多天过去了。

旁　白　经过数年的斟酌，纳皮尔决定选用 $1-10^{-7}$ 这个数作为其对数的底数。

［纳皮尔终于在黑板上涂写下这样的图表：

N	10^7	$10^7(1-10^{-7})$	$10^7(1-10^{-7})^2$	$10^7(1-10^{-7})^3$	$10^7(1-10^{-7})^4$	⋯	$10^7(1-10^{-7})^L$
L	0	1	2	3	4	⋯	L

［纳皮尔看着一页页长长的对应图表，终于长长地吐了口气。

纳皮尔 　我想，$1-10^{-7}$ 会是一个不错的底数的选择，它可以很好地适应现在的天文学上的大数计算的需求……（在往回踱步中，眉头渐渐展开）哈哈哈！我真是太幸运了！！让我们徜徉在大数的计算中吧！（开始计算）

⌈光影变换中，纳皮尔桌上的稿纸越来越多。

旁　白　就这样，纳皮尔开始了他关于对数的进一步研究和不厌其烦的计算。已经回到爱丁堡的克雷格也时常与纳皮尔有书信来往，交流各自在学术方面的研究进展。这项工作看似简单，但是需要进行的计算量实在太大了……时间在漫长的计算和等待中悄悄溜过。

⌈许多回，叶琳来到舞台上，帮忙倒茶和顺道聊聊天。

叶　琳　老爷，有爱丁堡的来信。您稍微休息一会儿吧，这可是长久的工作，不急于一时。

⌈叶琳拿出一封信件，纳皮尔接过，打开。叶琳退。

旁　白　纳皮尔几乎整天都躲在了他的书房内，不停地进行着计算。（灯渐暗，纳皮尔趴下睡。其间经由道具的辅助，戴上白发）日复一日，年复一年。漫漫 20 年的坚持，功夫不负有心人，终于在 1614 年，纳皮尔完成了他的研究，并发表了《奇妙的对数表说明书》……

⌈纳皮尔将桌上众多的稿纸拨开，露出藏在下面的一部书，他拿起这沉甸甸的对数之书，大笑状。几秒后灯渐暗处，纳皮尔下。随后 PPT 上呈现如下的字幕。

第四场　刹那却永恒

> **时间：** 1615 年暑假的某一天
> **地点：** 苏格兰梅奇斯顿堡乡间小道
> **人物：** 亨利·布里格斯(17 世纪伟大的数学家，第一位萨维尔几何学教授)，纳皮尔，约翰·马尔，叶琳

〔灯亮处，布里格斯从舞台的一边上。

布里格斯　是时势造就英雄，还是英雄造就时势？这本是一个很具争议性的话题。不过在纳皮尔先生身上，这不是一个问题。嗨，你们知道纳皮尔么？不知道？那你们可是 Out 啦！在这个伟大的世纪，你们怎么可以不知道他这样一个如此伟大的人？奇妙的对数表，他用 20 年的努力，换来这众多科学家进行大数计算的福音。这难道不是一个时代的奇迹么！(稍停后，续道)鄙人亨利·布里格斯，在伦敦的格雷沙姆学院担任教授，几个月前从朋友处得到了一本《奇妙的对数表说明书》，看过之后，叹其"石破天惊"啊！可惜由于工作繁忙，直到放了暑假我才能有闲暇时间。这不，立刻就动身前来拜访纳皮尔先生。原本我们约好在昨天见面，只是该死的马车中途因故抛锚，耽搁了一天，四天四夜啊，这才刚刚赶来。不知纳皮尔先生是否依然在等待我的到来？不行，我可不能让如此伟大的长者久等哈！(说完，从舞台的一边下)

〔灯暗又亮后，舞台上出现有纳皮尔，约翰·马尔以及叶琳的身影。马尔、纳皮尔坐着，叶琳侍立一旁。

马　尔　领主大人，您和布里格斯先生真的是约好昨天见面的么？

纳皮尔　是的，我们约好是昨天见面的。嗯，昨天可是很漫长的一天啊，我左等右等，始终不见他的身影。看来啊，布里格斯先生可能要爽约咯……

〔两人谈笑风生。布里格斯从舞台的一边上。话音未落，外面响起敲门声。

叶 琳　　应该是布里格斯先生来了。（笑）

　　　　［叶琳前去开门，马尔跟随。马尔与布里格斯握手，叶琳行礼。

马 尔　　尊敬的布里格斯先生，您终于来了。我们的领主大人可是等您等得花都
　　　　谢了。

布里格斯　很抱歉，先生，我来晚了。嗯，这该死的天气弄得路上都是泥泞，您懂的。
　　　　马车轮都厚了一圈。

马 尔　　哦——那是够辛苦的，您该庆幸车夫没有罢工。进来吧。领主在书房等
　　　　着呢。

　　　　［叶琳示意，带领两人进屋。

叶 琳　　先生请坐！

　　　　［众人坐，叶琳立一旁。

旁 白　　这或是一个充满传奇色彩的时刻：在之后的近 15 分钟的时间里，两个人
　　　　都没有说话，只是钦佩地看着对方。最终，还是布里格斯先开口。

　　　　［旁白的同时，伴随着相应的哑剧表演。

　　　　［马尔看看这个看看那个。叶琳捂嘴偷笑，似乎是影响到了布里格斯，布里
　　　　格斯略尴尬。

布里格斯　尊敬的领主大人，我不远千里来见您一面，目的是向您请教，是什么样的
　　　　才智和巧思驱使您一下子想到了对数这个对天文学来说妙不可言的方
　　　　法？而在您这一伟大发明之前，却没有人能够发现它，尽管现在看来它非
　　　　常容易？

纳皮尔　　布里格斯先生，很荣幸，我的发明会得到您的关注和垂青。不过，我们不
　　　　如先喝一杯，嗯，来自遥远东方的茶叶，（叶琳倒茶，再站回去）这可是我
　　　　们的女仆长小艾琳推荐的好东西。然后再让我慢慢来告知您这背后的故
　　　　事吧。

　　　　［灯暗处，布里格斯、马尔下。

旁 白　　纳皮尔先生关于对数发明的故事是这样开始的——

旁　白　（纳皮尔的声音）在我的《奇妙的对数表说明书》一书中曾如此写道：看起来在数学实践中，最麻烦的莫过于大数的乘法、除法、开平方和开立方。计算起来特别费事又伤脑筋，于是我开始构思有什么奇妙好用的方法可以解决这些问题。不过，布里格斯先生，我更乐意告诉您如下的这样一个故事，这里蕴含有我最初想到对数这一理念的缘由：这是一场很有趣的交易，话说有一天……

（剧中剧）最合算的交易

序曲

> 时间： 16 世纪
>
> 地点： 欧洲某地
>
> 人物： 神秘的年轻人（仿佛是少年时代的纳皮尔），村民若干

[灯亮处,那位年轻人从舞台的一边上。想象这是如此的情景：欧洲的某一处乡间小镇,有一位神秘的年轻人行旅其间,碰到了一名落魄的村民。

村民一　好心人,冒昧在清晨打搅您,但我们已经无家可归无路可走了,还恳请您帮帮我们……

年轻人　（走上前,关切地）到底是怎么回事？ 你慢慢说,看看我是否能帮到你。

村民一　（愤恨地）那可恶的恶霸他……（附耳至年轻人）

[在两人的交谈中,灯渐暗处,两人下。随后 PPT 上出现如下的字幕。

> **时间：** 16 世纪
>
> **地点：** 欧洲某地
>
> **人物：** 神秘人（戴着黑斗篷、面具），富翁，管家（玛瑞）

［灯亮处，舞台上出现富翁，他在打着盹，前方有一张桌子。

［管家从舞台的一边上，来到舞台一角，嚷道：

管　家 老爷！老爷！（边喊边上）

富　翁 玛瑞，你吵什么吵，没看见老爷我在睡觉么！有什么事快说！

管　家 好的老爷，知道了老爷。外面来了一个奇怪的年轻人，他说想和您做一笔交易——一笔您从未听说过的金钱交易。

富　翁 是么？如此——（警惕地四处张望，犹豫，再点头）嗯，那就请他进来吧。

［管家出，引神秘人一起进来，管家立于富翁侧。

富　翁 听说你想来和我做一笔交易，还是一笔不同寻常的交易？

神秘人 是的，先生。（狡黠的笑容，夸张点，面向观众）从明天开始，我会每天给您送来 100 000 英镑，为期一个月！

管　家 （忍不住开口）每天 100 000 英镑？

［富翁挥手打断。认真听，神秘人却不往下说了。（富翁以手支颔坐着，每当富翁犹豫的时候管家就举起巨大的硬纸板问号，富翁一开口便倏地降下）

富　翁 （心动地，颤音）这是真的么？（声音一沉）可你为什么要这么做呢？

神秘人 当然了，天下可没有免费的午餐。（顿了顿，微微一笑，神秘人点了点头，好像明白兴奋的鱼儿快要咬钩了）不过第一天，您只要付 1 便士来买我这 100 000 英镑就可以了。

富　翁　（吃惊地重复了一遍神秘人的话，类似喃喃自语）只要 1 便士即可买你的 100 000 英镑么？

神秘人　是的，先生！同样地，第二天，您只要付 2 便士买下我的 100 000 英镑。

富　翁　（急切，管家试图举起几个问号，结果手忙脚乱）然后呢？

神秘人　（平淡地）呵呵。以后嘛，第三天，您只要付 4 便士买下我的 100 000 英镑；第四天是 8 便士，第五天是 16 便士。也就是说，在这一个月内，您每天需要支付给我的金钱是前一天的 2 倍。

富　翁　只是这样而已么？年轻人？

神秘人　是的，先生，除此之外，再无其他了。只希望您能遵守诺言，我每天都会给您送来 100 000 英镑，您也要按照我们的约定付钱给我，一个月的期限没到时，绝不能中途毁约。

富　翁　那我得问问，你的钱肯定不会是假的吧？（还有点犹疑，若有所思状，管家只拿一个问号）

神秘人　请您放心！我保证我的钱都是货真价实的真钞。

富　翁　好！如此这么说定了！我会严格按照约定付钱的。

神秘人　（面对观众淡淡地微笑，转头，微笑）那明天见，我会准时来的。（神秘人下）

富　翁　（炫耀地）玛瑞，这是多么合算的一笔交易哈！这将是我一生中最合算的一笔交易！不过，明天他真的会来么？

管　家　是的，老爷，如您所言，这是一笔合算得不能再合算的交易！真想不明白，他为何要做这么愚蠢的一件事，这个人八成是一个疯子吧？

　　　　　［灯灭，旁白出。

旁　白　那一夜，百万富翁辗转反侧，难以入眠，他实在是太激动了，幻想着一大波英镑即将飞进他的口袋。

　　　　　［伴随旁白，或可以哑剧的形式来呈现富翁失眠的情景。

　　　　　［灯暗处，PPT 上出现如下的字幕。

时间：	16 世纪
地点：	欧洲某地
人物：	神秘人（戴着黑斗篷、面具），富翁，管家（玛瑞）

旁　白　第二天一早，神秘人就来到了富翁家中。

[灯亮处，富翁坐在一桌边，一旁站着管家，似在着急地等待中。神秘人从舞台的一边上，手中拎着麻袋。

神秘人　哟，看来您可没睡好啊。我可是把钱给您带来了，请您点点是不是货真价实的 100 000 英镑。（神秘人把袋子扔桌上）

富　翁　玛瑞，嗯——（示意管家查看这些钱的数目和真假）

管　家　好的老爷！（仔细地点钱后）报告老爷，这是货真价实的 100 000 英镑。

神秘人　先生，这是我该给您的钱，现在请您把该付给我的 1 便士给我吧。（富翁随手掏出一枚硬币扔给神秘人）

神秘人　（接住 1 便士的硬币，放在手中把玩了一下就放进口袋）明天我还会准时到来，请准备好我的 2 便士。（说完就转身下）

富　翁　（假装淡定，等神秘人走后立马跳起来，抢过袋子数钱）玛瑞，这是多么合算的一笔交易哈……明天他还会来么？（渴望地）

管　家　是的，老爷。仅凭他今天的表现就能断定他这里（手指戳脑袋两下）不太正常。小的有个建议不知当讲不当讲？

富　翁　但说无妨！

管　家　老爷还是和他去公爵那儿做个见证为好，否则难保他哪天突然治好了抵死不认账，到那时，老爷您可就少赚了很多钱了。

富　翁　你小子还是有灵光的时候么，（笑）就按你说的办吧。

管　家　老爷英明！

[灯灭，桌上放上好多袋子，灯亮。

旁　白　富翁非常开心地把钱收好后，满怀期待地等待着下一个 100 000 英镑。此后的每一天，那个神秘人都带着足够的钱准时出现。第四天时，两人更是在公爵的见证下签订了契约书。

> 时　间：1615 年的夏天
> 地　点：梅奇斯顿堡纳皮尔的家中
> 人　物：纳皮尔，布里格斯，马尔，叶琳

布里格斯　呵呵，这可是一个传奇的故事——嗯，如果这个富翁能懂一些基本的对数理念，他就不至于因为本性的贪婪而掉入这数字和金钱的陷阱了……

马　尔　（叹息道）1 100 多万英镑，这样一个庞大的数字却是从 1 便士开始的……

纳皮尔　（微笑）是的，这后来的故事也是蛮有趣的。

叶　琳　（笑语道）如此请先生再继续呵。

纳皮尔　（微笑续道）话说从一个人，也就是那个管家开始，这事就在镇上传开了。居民们幸灾乐祸地聊着平日里贪婪刻薄的富翁是如何在这次交易中濒临破产。一天后整个镇上的人都知道这件事了。

马　尔　这么快？

纳皮尔　其实，会更快的。在城镇里，流言散播的速度快得惊人，如果几个人在一起聊了一件事，仅仅几个小时后，整个镇上已经是无人不知无人不晓了。虽然这个速度令人吃惊，但如果用数字来计算一下的话，它就不再那么匪夷所思了。

布里格斯　让我们设想早上 7 点时，我们的纳皮尔先生把这个消息告诉了 3 个本地的居民，这个过程是 15 分钟。也就是说，在早上 7 点 15 分的时候，只有 4 个人知道这消息——纳皮尔先生和 3 个本地人。

纳皮尔　（饶有兴趣的鼓励的微笑）请继续。（眼神对视）

布里格斯　然后这 3 个本地人又分别把这则消息说给另外的 3 个人听，假设这个过程也是 15 分钟。因此半小时后，镇上知道这个消息的有 13 人……

纳皮尔	说的不错。

马　尔　于是相似地,3 小时后,知道这个消息的人数是

$$1+3+3^2+3^3+3^4+3^5+3^6+3^7+3^8+3^9+3^{10}+3^{11}+3^{12}=797\,161。$$

(适当方式读出来)呵呵,一个小镇可没有这么多人。

布里格斯　果然有趣!

纳皮尔　其实,在我们身边有太多类似的大数现象。如自然界动植物的繁衍,天空中星体轨道的计算,大地的形貌测绘。一个很小的数字随着相对稳定的公比,最终会发展为一个大数。这其中无不蕴含着大数的映像……

布里格斯　啊哈,确实如此。纳皮尔先生,所以您会说"看起来在数学实践中,最麻烦的莫过于大数的乘法、除法、开平方和开立方,计算起来特别费事又伤脑筋,于是开始构思有什么巧妙好用的方法可以解决这些问题"。

纳皮尔　是的,布里格斯先生,您不愧为我的知音!(两人相视而笑,略微沉默)

布里格斯　纳皮尔先生,关于您伟大的发明"奇妙的对数表",我有一点小小的建议。

纳皮尔　(感兴趣状)请说。

布里格斯　根据我这两年在牛津大学的讲学经验,您笔下的对数之底数有点繁复,但如果您把对数的底数改为 10,将 1 的对数值定义为 0。

纳皮尔　这倒是一个不错的提议,您是说——

布里格斯　是的,如此,一个数 N 的对数,可以比较明确分为两部分:一部分是对数首数,只与数 N 的整数位数有关;另一部分是对数尾数,由数 N 的有效数字确定……

纳皮尔　喔,我明白了!(恍然)这种以 10 为底的对数,对于通常的计算将更有用。布里格斯先生,谢谢您!我想我们可以一起合作来制作这样的对数表!

布里格斯　那实在是太好了!

旁　白　就这样,年迈的纳皮尔就在布里格斯的协助下,再次向新的对数表发起了冲锋。在随后的整个暑假里,他们每天一起探讨、工作,直到开学时布里格斯才不得不返回伦敦。1616 年的暑假,布里格斯又一次前来拜访。同样

地,之后他们再次相约 1617 年……

然而,天下没有不散的筵席……

[灯渐暗处,众人下。随后 PPT 上出现如下的字幕。

第六场　葬礼曲

時　间：1617 年 4 月 7 日某时
地　点：苏格兰爱丁堡,圣卡斯伯特(St Cuthbert)教堂
人　物：神父,布里格斯,叶琳,众仆人

[灯亮处,舞台上出现纳皮尔的墓碑,一神父站在边上。众仆人站舞台
一边。

男仆 1　领主真是个大好人啊!

男仆 2　是啊! 可是他怎么就这么去世了呢!

男仆 3　是啊! 我家的小孩儿还没让领主帮忙取名字呢!

女仆 1　老领主去世了一定能进天堂吧!

女仆 2　那是一定的了!

女仆 3　还是可惜了,也不知道新的领主会是什么样的人啊。

[交头接耳唉声叹气,随后各自祈祷状。布里格斯从舞台的一边上,然后快
步越过众仆人,骤减速,慢慢来到墓碑前。

布里格斯　(不敢置信,略带颤抖)不是说好要暑假再次见面的么,怎么就……(叹气)
哎,是了,您已经够辛苦了,20 年的繁复劳动,您其实早就厌烦了吧,而我
却还要这时来找您寻求您的帮助。够了,您做的已经够了。剩下还未完成
的工作就交给我吧,哪怕只是为了您,我也一定会尽快完成的。好好休息
吧,好好休息吧……

[布里格斯缓步退后,加入祈祷的行列,叶琳示意神父,神父点头。

神　父　(上前,手持圣经)慈爱的天父,今天我们聚在这里,不是为了一个逝去的老
人而悲伤,而是为了一个将要进入您的国的灵魂而高兴,虽然我们心中悲
痛,但那是因为对纳皮尔先生的想念与不舍,因为他为人们留下了太多

的福。

慈爱的天父，愿您与纳皮尔先生同在，他是您虔诚的信徒，也是您属灵的孩子。他的一生都在您的看顾之下，在此我们感谢您，也希望您宽恕他在人世所犯的罪，愿您让他的灵魂在您的国得以安息……

慈悲的天父，愿您因纳皮尔先生的信心赐福于他，也愿您因纳皮尔先生的虔诚赐福于他的后代，愿他追求的信心与大义被他的后辈所传承，直到您的国降临，也愿您的荣耀在他的后辈得以大大发扬，并因此得以承受您的国。愿天父与纳皮尔先生以及其家人同在，愿蒙您的宏恩直到永远，阿门。

（画十字）

叶　琳　（接过其上的这段文字，以旁白的形式，音量盖过神父，语速略缓，句子间适当停顿）是啊，纳皮尔先生的一生是传奇的，是伟大的。能够目睹他最伟大最传奇的那段岁月，我还有什么不知足的呢。（慢慢往后退）不如归去，不如归去……

众　人　阿门！

〔灯渐暗处，众人下。随后PPT上出现如下的字幕。

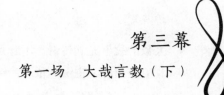

第一场 大哉言数（下）

> 时间：2014 年 6 月的某一天
>
> 地点："E 大 3 教"某教室
>
> 人物：Prof. X,叶琳,林三,其他同学若干

[灯亮处,舞台上依然是最初的情景。叶琳从极其短暂的"梦境"中醒来,再次回到数学课堂。只见老师依然在热情洋溢地聊着大数的故事……

[在屏幕上依然是如下的文字：$2^{41} \times 0.02 > 4 \times 10^{10}$（厘米）＝40 万（千米）（这里有对数理论的秘密哦）。

Prof. X　16 世纪的欧洲,资本主义迅速发展。天文学中星体的轨道计算,航海船只的位置确定,大地的形貌测绘,船舶的结构设计等不断向数学提出新的课题：如何计算大数的乘除、开方和其他运算……

林　三　（看叶琳）咦,你怎么突然哭起来了,难不成听着讲座还能想起什么伤心事了么？

叶　琳　不,没什么。刚才我有去哪儿么？（问林三）

林　三　（看傻瓜的眼神）没有呀,你一直在这里坐着。

叶　琳　（大声自言自语）不会吧?! 刚才我可是穿越到了 17 世纪的苏格兰,纳皮尔先生的家乡……（然后出神无声自言自语,无视林三）

Prof. X　问君路在何方？数学家们终于出来迎难而上,于是各种各样的表格,如平方表、立方表、圆面积表,便应运而生。在表格的海洋中,人类茫茫然地行驶了半个多世纪,终于迎来希望的曙光：约翰·纳皮尔在德国数学家施蒂费尔等人工作的基础上,匠心独运,发明了对数理论。这使得我们对大数的认识变得不再可望而不可及。

林　三　喂喂喂,别开玩笑了,难道是忘记吃药了么？ 刚才都还好好的呢。只是当你听到 4×10^{10} 后好像有点呆呆的,难不成——（看叶琳没反应,林三继续听

Prof.X 大数的故事充满传奇。不管是棋盘的传说里……古代印度的舍罕王打赏给其臣下西萨·班·达依尔的那棋盘上的麦粒数——那是（$1+2+\cdots+2^{63}=2^{64}-1$），还是经由阿基米德的智慧超群的脑袋而算得的整个宇宙空间的沙粒总数（10^{63}）；不管是美国数学家爱德华·卡斯纳笔下的那美其名曰"googol"的大数，还是众多数学人追逐的梅森素数的奥林匹克之巅……都可以洋溢着对数的哲思和无尽的想象……

（注释：相应地，或可以经由 PPT 来呈现相关的影像，其内容除了上面提到的故事中国际象棋的麦粒数，阿基米德所算出占据整个宇宙空间的沙粒总数，有关"googol"的大数之外，还可以谈及梅森素数的故事。详见后面的关于话剧《大哉言数》的注释角。）

同学1 （举手）老师，我有一个问题！

Prof.X 请说。

同学1 约翰·纳皮尔发明的对数表可是——现在我们常见的，以 10 为底的对数表？

Prof.X 呵，不是的，纳皮尔经由 20 年的坚持所发明的对数表，并不是我们现在常用的对数表。不过，我们常见的以 10 为底的对数，源自这样的一段故事：话说在纳皮尔发明他的奇妙的对数表后不久，一个名叫亨利·布里格斯的数学家慕名来访，在惺惺相惜的聊天后，他们相约一起来创作和构造了新的以 10 为底的对数表……是布里格斯完成最后的（常用）对数表的……

林 三 （和叶琳语道）哦，原来常用对数表的发明还包含这样的传奇。

叶 琳 （回应道）哈，向往吧！我刚才就亲眼"见证"了这一传奇！

Prof.X （续道）对数的故事富含传奇。话说纳皮尔的对数表很快在欧洲传播开来，那时候的大科学家，比如卡瓦列里、开普勒都在使用和推广对数表。非常有趣的是，纳皮尔这一发明亦受到了中国人的喜爱，话说 1653 年伴随西方传教士的到来，中国数学家"遇见"了对数表，相关的知识后来被收集在一卷叫《数理精蕴》的书里……

同学2 （有点好奇地问）老师，那在纳皮尔先生笔下的对数又是以何为底的呢？

Prof.X 哈，说来多少让人惊奇，（由纳皮尔最初的对数表我们可阅读到）或许纳皮尔先生他本人从未考虑过底数的概念(手指向 PPT 上的图 1)。不过在他过世后才出版的《奇妙对数表的构造》一书中,纳皮尔用一种几何-力学模型解释了他关于对数的发明,若再加上一点我们大二才会学到的微分方程的理念(PPT 上呈现的图 2),可知纳皮尔对数"相映于"一个以 $\frac{1}{e}$ 为底的对数……

[PPT 中呈现如下的图片:

N	10^7	$10^7(1-10^{-7})$	$10^7(1-10^{-7})^2$	$10^7(1-10^{-7})^3$	$10^7(1-10^{-7})^4$	$\cdots$	$10^7(1-10^{-7})^L$
L	0	1	2	3	4	$\cdots$	L

图 1

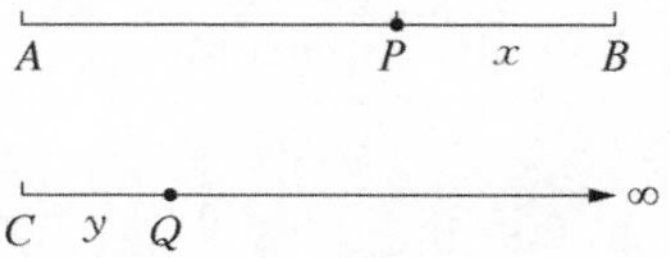

图 2

同学 3　老师,其实我们现在已经几乎不用对数表了,为何还要说对数的故事呢?

叶　琳　(大声道)我觉得,纳皮尔先生经由 20 年的漫长岁月而发明对数表的故事,本身就是一个传奇。这曲传奇可以带给我们许多启迪呢!

Prof.X　是的!纳皮尔发明对数的传奇之旅,可以带给年轻的同学们以许多许多的启迪:比如,纳皮尔 20 年的坚持不懈,造就奇妙的对数表的横空出世,这一科学精神或者信念是当下年轻的我们待收藏的;再比如,纳皮尔与布里格斯的那一传奇色彩的"遇见",让我们懂得科学家合作研究的重要性……

Prof.X　时至今日,纳皮尔当初的对数表虽说已失去了其在大数计算中的主导地位,但经由此诞生的对数函数的理念,却在浩瀚的数学星空的各个角落游弋,乃至在数学外的物理学、化学、生物学、心理学、美术和音乐的世界……对数函数的芳影无处不在。

Prof.X　呵呵,或许在不久的将来,我们可以再来推出一部话剧,聊聊对数的故事和对数函数的今生……这样的一部话剧呵,不妨名曰……

[灯暗处,众人下。有旁白出。

旁　白　于无声处,隐藏在大数现象和对数理论后的反思,导引着更为快速的计算工具的诞生。从最初的纳皮尔算筹,到世界上第一台电子计算机的诞生,漫漫长路300年。时至今日,各种各样先进的电子计算工具早已替代了那些年的计算尺和对数表。然而,奇妙的对数表的发明和它在科学史上的功绩,将永不磨灭!

《大哉言数》注释角

在数学科学的历史上,对数的发明无疑是最为重要的事件之一。因此有许多知名学者曾赋予"奇妙的对数思想"这样那样的欣赏与赞美。"给我空间、时间和对数,我就可以创造一个宇宙。"17 世纪的科学大师伽利略曾如是说。18 世纪法国著名数学家和天文学家拉普拉斯如此评价说:"由于省时省力,对数倍增了天文学家的寿命。"著名数学史家卡约黎在其《数学的历史》一书中写道:"现代计算的神奇力量源自三大发明:阿拉伯数字、小数和对数。"往事回眸,还记得那是在 1614 年,约翰·纳皮尔《奇妙的对数表说明书》的出版,向世人宣告对数的诞生,由此激发了其后数百年人们研究对数的热情……

《大哉言数》的话剧主题,正是"对数的发明"。希望经由话剧的形式,引领同学们一道来"体验"数学历史上的这一传奇之旅,感悟蕴藏在其故事背后的科学理性精神。

1. 对数的发明

对数作为重要而简便的计算技术,是 17 世纪三大重要数学成就之一,在数学和其他许多知识领域都有广泛的应用。

正如我们今天所知道的,对数作为一种计算方法,其优越性在于:借助于对数,乘法和除法被归结为简单的加法和减法运算。对数思想的起源,从纳皮尔时代人们所熟知的三角公式

$$2\cos\alpha\cos\beta = \cos(\alpha + \beta) + \cos(\alpha - \beta)$$

即可以看出。在这里,两个余弦的乘积被相关余弦的两个数的和所代替。经由此,任何两个数的乘积可转变为另外两数的和。比如,我们想求 43 722 和 23 727 的乘积,我们可以从余弦表中找到相应的 α 和 β 使得

$$2\cos\alpha = 0.437\,22,\ \cos\beta = 0.237\,27,$$

然后,再利用余弦表找 $\cos(\alpha + \beta)$ 和 $\cos(\alpha - \beta)$ 的值,把这两个数加起来。于是我们就得到了 0.437 22 和 0.237 27 的乘积。在经过适当调整小数点后,即可得到想求的

43 722 和 23 727 的乘积。因此求任何两个数的乘积问题，就这样可归结为简单的加法问题。

与上述的这一三角恒等式相联系的，还有下列三个恒等式：

$$2\sin\alpha\sin\beta = \cos(\alpha - \beta) - \cos(\alpha + \beta),$$
$$2\sin\alpha\cos\beta = \sin(\alpha + \beta) + \sin(\alpha - \beta),$$
$$2\cos\alpha\sin\beta = \sin(\alpha + \beta) - \sin(\alpha - \beta),$$

这些恒等式被称做韦内尔公式。16 世纪末的数学家和天文学家曾广泛地利用它们简化由天文学引起的复杂计算问题。在数学上，此方法以"加减术"著称。

早在对数诞生之前，数学家就已经开始利用等差数列和等比数列的对应关系来简化计算了。比如 15 世纪，法国数学家许凯（Nicolas Chuquet，1445—1488）在其《算学三部》中给出了双数列

$$1 \quad 2 \quad 4 \quad 8 \quad 16 \quad 32 \quad 64 \quad 128 \quad 256 \quad \cdots \quad 1\,048\,576$$
$$0 \quad 1 \quad 2 \quad 3 \quad 4 \quad 5 \quad 6 \quad 7 \quad 8 \quad \cdots \quad 20$$

之间的对应关系：上一列数之间的乘、除运算结果对应于下一列数之间的加、减运算的结果。16 世纪德国数学家施蒂费尔（Michael Stifel，约 1487—1567）更加明确地提出了上一列数的乘、除、乘方和开方四种运算法则。这些数学家的思想蕴含在如下的模式里：如若我们把一个几何级数的诸项

$$b, b^2, b^3, \cdots, b^m, \cdots, b^n, \cdots$$

与算术级数

$$1, 2, 3, \cdots, m, \cdots, n, \cdots$$

相联系，则对于前一个级数中的两个项的乘积 $b^m \cdot b^n = b^{m+n}$，有后一个级数的两个对应项的和 $m + n$ 与之相联系。为了让这个几何级数中的诸项充分地彼此靠近，使得插值方法可被用来充填上述联系的诸项间的间隙，b 这个数必须被取得非常接近于 1。纳皮尔因此选取 $b = 1 - 10^{-7}$。同时，为了避免小数，他以 10^7 乘每一个幂。于是，如果

$$N = 10^7(1 - 10^{-7})^L,$$

纳皮尔则称 L 为 N 这个数的"对数"。因此，在纳皮尔笔下，10^7 的对数是 0，而 $10^7(1 - 10^{-7}) = 9\,999\,999$ 的对数是 1。回顾对数发明的历史，我们知道，纳皮尔并没有提出对数理论中"底数"的概念。

纳皮尔在他的对数理论上至少沉淀了 20 年。在其后来的著作《奇妙对数表的构

造》一书中,纳皮尔以一种几何-力学模型解释与说明其对数原理:考虑线段 AB 和一条与其平行的端点为 C、方向向右的无穷射线:

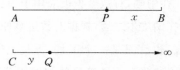

设想有点 P 和点 Q 同时分别从 A 和 C,沿着这两条线,以同样的初始速度开始移动。假设点 P,其运动速度在数值上总是等于距离 PB;而点 Q 以初始速度匀速移动。纳皮尔将距离 CQ 定义为 PB 的对数。这即是说,若记 $x=PB$,$y=CQ$,则有 $y=\mathrm{Nap}\log x$。 这里 $\mathrm{Nap}\log x$ 表示"纳皮尔对数"。

回到他的对数计算,纳皮尔取 AB 的长为 10^7,这或是因为当时最好的正弦表有七位数字。经由现今的语言,可知

$$\mathrm{Nap}\log y = 10^7 \log_{1/e}\left(\frac{y}{10^7}\right).$$

进一步的研究发现,若 $a/b=c/d$,则有

$$\mathrm{Nap}\log a - \mathrm{Nap}\log b = \mathrm{Nap}\log c - \mathrm{Nap}\log d,$$

这是纳皮尔已知的许多结论之一。

1614 年,纳皮尔出版了《奇妙的对数表说明书》——在对数的故事之旅中,这部著作有着里程碑的意义,标志着对数的诞生。在书中纳皮尔提出了他关于对数的讨论。其后不久,英国数学家布里格斯(H. Briggs, 1561—1630)建议对纳皮尔的对数进行改进,使得 1 的对数为 0, 10 的对数为 1,等等,最终出版了更简便的常用对数表。17 世纪,笛卡儿发明了幂的记号,指数概念才应运而生。直到 17 世纪末,才有人认识到对数可以定义幂指数。之后,数学家欧拉深刻揭示了指数与对数之间的密切联系,并创造了 $\log_a N$ 这一记号。在我们今天的教科书中,都是直接利用指数式来定义对数的,即:

若 $a^x=N(a>0,\ a\neq1)$,则 x 称为以 a 为底的 N 的对数。

这是欧拉在《无穷小分析引论》中所给出的定义。而在数学的历史上,对数的发明先于指数,这一点多少让我们感到惊奇。

对数的发明直接引发了计算上的革命,在纳皮尔发明对数后,人们——特别是天文学家的计算量大大减少。

17 世纪中叶,对数由西方传教士穆尼阁(J. N. Smogolenski, 1611—1655)传入中

国。"对数"一词最早出现在明代数学家薛凤祚(1600—1680)根据穆尼阁所授编成的《比例对数表》(1653年),是纳皮尔所创的 logarithm 一词的汉译,原意是"比数",即等比数列各项中公比的次数。在中国,对数至少被应用于历法的计算中。

这里还值得一提的是,在纳皮尔之后,根据对数运算原理,人们还发明了对数计算尺。那些看似简单的计算尺,也许只是一个工具,可是它所承载的却是对数的奥妙!有多少科学大师的智慧,经由这些小小计算尺的神机妙算而演绎成一曲曲传世经典。当下的青年学子,若能走近计算尺,去领略那深邃的内涵、传奇的应用、美妙的风景……无疑将会是一件很有意义的事情!

从最初的纳皮尔算筹,到世界上第一台电子计算机的诞生,漫漫长路300多年。时至今日,各种各样先进的电子计算工具早已替代了那些年的计算尺和对数表。然而,对数的思想方法在今天仍然具有生命力,奇妙的对数表的发明和它在科学史上的功绩,将永不磨灭!

2. 话剧《大哉言数》中的科学人物

(1) 约翰·克雷格(John Craig,? —1620)

当你在维基百科上输入:John Craig,你会遇见许多位"克雷格"先生。这其中有音乐家,数学家,古典语言学教授,地质学家,还有政府官员。不过出现在我们这一话剧中的克雷格先生,他首先是一名医生——他是苏格兰国王詹姆斯六世的御医,同时还是一位天文学家,与丹麦天文学家第谷·布拉赫(Tycho Brahe,1546—1601)和约翰·纳皮尔(John Napier,1550—1617)有过比较广泛的科学交流。

有关克雷格的生平是一个谜。他出生在苏格兰,这是肯定的。相传他在瑞士巴塞尔取得医学学位,在欧洲大陆待了十五年之后回到出生的乡土,成为苏格兰国王詹姆斯六世的第一位医生。1590年,詹姆斯六世率船队远航丹麦,迎娶安妮公主。途中船队遇到暴风雨,被迫在离第谷天文台不远的地方停泊。第谷接待了远方的客人,并介绍了"加减术"。克雷格作为随行御医,知道了这样一种可以简化天文学计算的新方法。经年之后,在和纳皮尔的通信中,他将第谷所用的这一新方法告诉纳皮尔。这或是其后纳皮尔对数思想的一大源泉。

(2) 亨利·布里格斯(Henry Briggs,1561—1630)

在纳皮尔发明对数的传奇之旅里,其中有一曲"古堡轶事"别具精彩。话剧第二幕第四场和第五场为我们呈现了这曲精彩的数学往事。

话剧故事中的布里格斯是一位数学家,也是那个时代很有影响力的教授——他是牛津大学第一位萨维尔几何学教授。在数学历史上,他因将纳皮尔发明的对数改编为常用对数而闻名,常用对数也被称为布里格斯对数。

　　布里格斯于1561年出生在英格兰约克郡的沃利伍德。在当地一所文法学校学习拉丁语和希腊语后,布里格斯在1577年进入剑桥的圣约翰学院读书,并于1581年获得学士学位。1596年,布里格斯成为伦敦格雷沙姆学院的第一位几何学教授,讲授几何学和天文学。他在那里工作了20多年,并使格雷沙姆学院成为英国的数学中心。格雷沙姆学院被认为是英国皇家学会的发源地。1619年,布里格斯在牛津大学被任命为萨维尔几何学教授,并于1620年7月辞去了他在格雷沙姆学院的教授职位。

　　话剧中"古堡轶事"发生的时刻,布里格斯就职于格雷沙姆学院。

　　话说在1615年,布里格斯在阅读了纳皮尔的《奇妙的对数表说明书》后,甚为震撼。此前,布里格斯正从事天文学研究,繁重的天文计算正是他试图克服的困难。因此,纳皮尔的对数著作深深地吸引了他。在写给他的朋友詹姆斯·厄谢尔(J. Ussher, 1581—1656)的信中,布里格斯这样写道:

　　"梅奇斯顿的纳皮尔爵士出版了一部著作,包含了他新发明的奇妙对数。我希望今年夏天与他见面,因为我从未见过一本能让我如此快乐,令我如此惊奇的书。"

　　布里格斯从伦敦到爱丁堡去见纳皮尔是1615年夏天的事。那时,从伦敦到爱丁堡,乘马车至少需要四天,不像今天,坐火车只需4小时。当时的旅途也比我们想象的要困难得多,布里格斯没能在约定的那一天赶到爱丁堡。两天后,焦虑不安的纳皮尔在梅奇斯顿城堡的会客室中与朋友约翰·马尔(John Marr)谈起布里格斯:"哦,约翰,"纳皮尔说:"布里格斯先生今天预计不会来了。"话音刚落,有人敲门。马尔急忙下楼开门,令他欣喜的是,来人正是布里格斯。他把客人带到爵士的房间里。纳皮尔与布里格斯互相仰慕地打量了几乎一刻钟,双方不发一言,最后还是布里格斯开了口:

　　"爵士先生,在下这次远道而来,是专程拜望您的,并想向您了解您一开始是如何想到对数这一精彩的天文学辅助工具的?在您做出这一伟大的发现之前,没有其他人发现过,而现在人们知道,它是如此容易。"

　　爱丁堡会面后,纳皮尔和布里格斯共同商定以10为对数的底,且以0作为1的对数。1617年,布里格斯出版了前1000个正整数的14位常用对数表。1624年,又出版了1到20000以及90000到100000的14位常用对数表。1628年,在荷兰书商和出版者弗拉寇(Adriaan Vlacq, 1600—1667)的帮助下,从20000到90000的常用对数表的缺欠被补上了。

除了对数的研究工作外,布里格斯还有许多其他的数学贡献。在他离开格雷沙姆学院后,布里格斯在牛津大学被任命为萨维尔几何学教授后的第一本出版物是有关《几何原本》的。布里格斯还写了许多有关几何学和其他数学论文,不过这些作品大多都没有出版。在那"几何学在英格兰几乎完全未知并被遗弃"的年代,他的工作值得被高度赞扬。在同时代的一些数学家的眼里,布里格斯被认为是"... the mirror of the age for excellent skill in geometry"(高超几何技艺的一面时代之镜)。

有许多卓越的数学家,或在牛津大学担任过萨维尔几何学教授,或在剑桥大学担任过卢卡斯数学讲座教授。前者是亨利·萨维尔(Henry Savile)爵士于1619年设立的,布里格斯是担任萨维尔几何学讲座教授的第一人,担任过这一数学讲座教授的著名数学家有沃利斯(John Wallis),哈雷(Edmond Halley),哈代(G. H. Hardy),阿蒂亚爵士(Sir Michael Atiyah)等。而后者则由亨利·卢卡斯(Henry Lucas)于1663年创立,巴罗(Isaac Barrow)是卢卡斯数学讲座教授的第一人,六年后,由牛顿(Isaac Newton)继任。巴罗出生于布里格斯去世的那一年(1630),他在1662年被任命为格雷沙姆学院几何学教授。在他的就职演讲中,巴罗提到了大约50年前曾担任过同一职位的前辈数学家布里格斯,对数的故事在那里美名扬。

最后还有点趣事值得一提,在纳皮尔所在的那个时代,占星术是大多数学者的重要话题。纳皮尔是一位占星术的忠实爱好者,而布里格斯却是一个强烈反对占星术的人。

(3)约翰·马尔(John Marr)

话剧中的这位科学人物,生平不详,他或是一位数学家。不过在一些数学家——诸如纳皮尔、布里格斯的故事介绍中都会谈及这位先生。

(4)约翰·纳皮尔(John Napier,1550—1617)

纳皮尔是话剧《大哉言数》的主角,这位对数的发明者,其一生充满传奇。还记得在2014年10月,缘于纪念纳皮尔发明对数400周年和提升原创数学话剧《大哉言数》的演出效应,华东师大数学系汪晓勤教授曾特意给校内外的师生们做了一场相关的主题讲座。下面迎来的是,汪教授所写的"古堡传奇",它曾被刊登在2014年12月出版的——华东师范大学本科生数学杂志——《蚁趣》第11期上。

古堡传奇——纪念纳皮尔发明对数400周年

纳皮尔于1550年出生于苏格兰郊区的梅奇斯顿城堡,父亲阿奇巴尔德·纳皮尔是城堡的第七代领主,曾先在阿盖尔郡担任法官,后担任造币厂厂长长达三十余年。纳皮尔 10 岁那年,奥克尼的主教、纳皮尔的舅舅致信阿奇巴尔德:"求你把你儿子送到学校去吧,无论是法国,还是弗兰德斯。在家里学不到东西,在这极其危险的世界上也得不到任何益处……"从这封信可以看出,纳皮尔的童年是在城堡里度过的,并没有去学校上学。可能的情况是:父亲为他请了家庭教师,在城堡里接受启蒙教育。

梅奇斯顿城堡

1563 年,纳皮尔进了苏格兰最古老的大学——圣安德鲁斯大学圣萨尔瓦多(St. Salvator)学院学习。当时,圣安德鲁斯大学共有三个学院。父亲之所以为他选择圣萨尔瓦多学院,很可能因为该学院的院长约翰·卢瑟福(John Rutherford)是当时全苏格兰最著名的教师。在圣安德鲁斯大学,纳皮尔和院长卢瑟福同住。据此可以推测:父亲很可能是卢瑟福的朋友,才能为纳皮尔创造如此优越的条件。卢瑟福早年留学法国,且在波尔多著名的 Guyenne 学院任教过。他从事哲学研究,且爱好文学。纳皮尔日后对神学和哲学产生浓厚兴趣,显然是受了卢瑟福的影响。

不久,纳皮尔母亲不幸去世。他没有念完大学,中途出国留学。带着失去母亲的深深伤痛,也带着父亲和舅父的殷殷期望,纳皮尔负笈于欧洲大陆。

他去了哪个国家?他就读于哪一所大学?他读了什么专业?他的大学老师是谁?我们对这些都一无所知。但我们可以推测:纳皮尔最有可能留学法国。一方面,由于卢瑟福有法国留学和任教经历,因而可能会推荐他去那里;另一方面,让纳皮尔去法国读书,也是他舅父的愿望。

到了 1571 年,纳皮尔结束了欧洲大陆的留学生活,回到了阔别已久、魂牵梦绕的家乡。然而,不见亲人的笑颜,唯有残酷的现实。那是苏格兰历史上最黑暗的一页:

教派纷争,兵连祸结,满目疮痍,父子反目,兄弟成仇,亲属相残……家乡的一切都变了:父亲被支持玛丽女王的一方囚禁于爱丁堡城堡;梅奇斯顿城堡被支持詹姆斯六世的一方所占领,还不时遭到玛丽派的炮击。

男儿有家归不得。纳皮尔被迫离开爱丁堡,来到父亲曾经在加特尼斯(Gartness)购置的一处庄园。就在这里,他与邻近庄园的詹姆斯·斯特林爵士的女儿伊丽莎白相爱了,不久,22岁的纳皮尔走进了婚姻的殿堂。

同时,纳皮尔开始致力于庄园的建设。很快,在风景秀丽的恩德里克(Endrick)河畔出现了一幢占地面积很大的新楼。大楼边有花园和果园。远处有流泉飞瀑,近处是绿树成荫、鸟语花香。纳皮尔在这里一住就是三十几年。

纳皮尔是一位充满智慧的人,他为家族的生意出谋划策,社会各界人士均视其为智者,遇到难题都纷纷求教于他。他是虔诚的新教徒,在对天主教的斗争中扮演着十分活跃的角色。1593年,信仰天主教的一些贵族暗地里邀请西班牙的菲力二世向苏格兰派遣军队以占领英国。纳皮尔随基督教最高裁决会议派遣的代表团三度进谏国王詹姆斯六世,要求立即处理那些"基督教会众和国家的敌人"。

纳皮尔常常不得不处理生活中的一些俗务。他的佃户在外面做了损害别家佃户的事,人家告到枢密院,纳皮尔只好出面解决;爱丁堡地方行政官在他家的土地上非法建造供染上瘟疫的人居住的房子,纳皮尔将地方官告到枢密院,最终却未能胜诉。

1594年,一位名叫罗伯特·罗根(Robert Logan)的亡命之徒找上了纳皮尔。原来,罗根购得了一座坐落于海滨悬崖峭壁上的废弃的要塞,而根据传说,要塞内埋有一座宝藏。发财心切的罗根用尽了所有的办法,都未能如愿找到宝藏。绝望中,他只好去寻找合作者。在苏格兰,再也找不到比纳皮尔更合适的寻宝人了。在当时的苏格兰人眼里,什么难题到了纳皮尔手里都能迎刃而解。罗根果然找到了纳皮尔,纳皮尔答应帮他寻宝。两人签了一份协议,由纳皮尔执笔。协议说,纳皮尔必须竭尽全力寻找宝藏,如果找到,纳皮尔取其中的三分之一。纳皮尔成功找到了那座宝藏,但两者的合作到此为止,纳皮尔此后再也没有与罗根有任何来往。

尽管和父辈一样关心政治、宗教,经常从事社会活动,但纳皮尔在家时,却将主要的时间用于数学研究和各种创造发明。他习惯于独自沉思冥想,很多创造发明因此而诞生。然而,恩德里克河的对岸有一家棉绒厂,厂里发出的噪音常常阻断纳皮尔的"思想的列车"。纳皮尔曾希望厂主关掉工厂。实际上,就在荒塞寻宝的1594年,他开始思考如何简化天文计算的难题。

面临战争的威胁,纳皮尔充分发挥自己的聪明才智,设计了许多用于保家卫国、打击敌人的武器:

——燃烧镜：可以烧毁任意远处的敌舰；

——大炮：可以将方圆 4 英里（约 6 437 米）内的敌人全部消灭；

——战车：可以从各个方向消灭敌人；

——水下武器：可能具有水雷的功能；

…………

但这些设计最终都没有派上用场。他还发明了著名的用于计算乘法的工具，后人称之为"纳皮尔筹"。在加特尼斯，纳皮尔还对农学产生了浓厚的兴趣。据说他是第一个提出盐是有效肥料的人，也是第一个提出许多农艺新方法的人。

在加特尼斯忙碌而充实的生活中，纳皮尔遭遇了新的不幸。爱妻伊丽莎白在为他生下孩子后不久便撒手人寰。他的第二任妻子育有十几个孩子。

1608 年，纳皮尔父亲去世，他离开加特尼斯，迁回梅奇斯顿。关于纳皮尔的许多有趣的故事都发生在这里。

一个故事说，纳皮尔有一只乌黑发亮的公鸡。他说，这只鸡有一种神奇的本领，能告诉纳皮尔，他的家里人的最隐秘的想法。某一天，家中的一件贵重物品失窃，纳皮尔怀疑是某个仆人所为，却没有任何证据。于是，他将那只"神鸡"关在一个暗室里，告诉仆人们，一个偷过东西的人摸到它时它会叫。他让仆人们依次进入暗室摸鸡，出来后向他出示双手。结果，只有一个仆人的双手是干净的，而其他仆人的手上都沾上了煤灰！原来，纳皮尔在公鸡身上抹了煤灰，那位可怜的偷东西的仆人，因为怕鸡叫而不敢摸，所以双手干干净净。就这样，纳皮尔找出了家贼。

另一个故事说，纳皮尔邻居家养了一群鸽子，鸽子常常飞到梅奇斯顿城堡内吃麦粒。纳皮尔警告邻居说，若鸽子以后再飞来吃麦粒，他就把它们捉起来关到笼子里去。"如果你能捉住它们的话，随你的便。"邻居回答。第二天早上，梅奇斯顿城堡内的地上到处都是鸽子——它们被纳皮尔施了魔法，再也飞不起来了。于是，在主人的吩咐下，仆人们将一只只鸽子关进了笼中。

纳皮尔

这些故事在当时广为流传，传到最后，纳皮尔就是地道的魔法师了。实际上，在第一个故事中，纳皮尔的那只公鸡显然不是什么神鸡，他只是利用了小偷"做贼心虚"的心理而已。而在第二个故事中，纳皮尔一定是在麦粒上做了手脚，一个容易的做法是，前一天将麦粒浸于酒中，第二天一早晒出，吃麦粒的鸽子自然都醉倒了。

梅奇斯顿时期,纳皮尔因土地税收和同父异母兄弟姐妹发生了激烈纷争,这是我们看到的唯一一次发生在纳皮尔身上的家庭纠纷。

《奇妙的对数表说明书》扉页

1614 年,纳皮尔一生最重要的数学著作——《奇妙的对数表说明书》出版了。在该书前言里,纳皮尔告诉我们:

"没有什么比大数的乘、除、开平方或开立方运算更让数学工作者头痛、更阻碍计算者的了。这不仅浪费时间,而且容易出错。因此,我开始考虑怎样消除这些障碍。经过长久的思索,我终于找到了一些漂亮的简短法则……"

纳皮尔到底思索了多久呢? 1594—1614,整整 20 年!

纳皮尔的对数表

纳皮尔说得很清楚,发明对数的动机是简化计算。在纳皮尔之前,数学家已经有了简化计算的想法。如,15 世纪法国数学家许凯(Nicolas Chuquet,1445—1488)在其《算学三部》(1484)中利用双数列

$$1 \quad 2 \quad 4 \quad 8 \quad 16 \quad 32 \quad 64 \quad 128 \quad 256 \quad \cdots \quad 1\,048\,576$$
$$0 \quad 1 \quad 2 \quad 3 \quad 4 \quad 5 \quad 6 \quad 7 \quad 8 \quad \cdots \quad 20$$

将上一列中某两数相乘转化为下一列中对应两数相加。德国数学家施雷伯(H. Schreyber,1495—1525)在其《艺术新作》(1521)中给出双数列的四种对应关系。给定双数列

$$0 \quad 1 \quad 2 \quad 3 \quad 4 \quad 5 \quad \cdots \quad 16$$
$$1 \quad 2 \quad 4 \quad 8 \quad 16 \quad 32 \quad \cdots \quad 65\,536$$

则有：第二个数列中两数的乘积对应于第一个数列中两数的和；第二个数列中三数的乘积对应于第一个数列中三数的和；第二个数列中平方数的开方对应于第一个数列中偶数除以2；第二个数列中某数开立方对应于第一个数列中某数除以3。

德国数学家施蒂费尔（Michael Stifel，约1487—1567）在《整数算术》（1544）中提出四个运算法则。给定

$$0 \quad 1 \quad 2 \quad 3 \quad 4 \quad 5 \quad 6 \quad 7 \quad 8 \quad \cdots$$
$$1 \quad 2 \quad 4 \quad 8 \quad 16 \quad 32 \quad 64 \quad 128 \quad 256 \quad \cdots$$

则有：等差数列中的加法对应于等比数列中的乘法；等差数列中的减法对应于等比数列中的除法；等差数列中的简单乘法对应于等比数列中的乘方；等差数列中的除法对应于等比数列中的开方。

上述对应关系是纳皮尔对数思想的源泉之一。

丹麦著名天文学家第谷和他的助手们在天文台使用"加减术"来简化运算：

$$\sin\alpha\sin\beta = \frac{1}{2}\left[\cos(\alpha-\beta) - \cos(\alpha+\beta)\right],$$

$$\cos\alpha\cos\beta = \frac{1}{2}\left[\cos(\alpha-\beta) + \cos(\alpha+\beta)\right].$$

1590年，詹姆斯六世率船队远航丹麦，迎娶安妮公主。途中船队遇到暴风雨，被迫在离第谷天文台不远的地方停泊。第谷接待了远方的客人，并介绍了"加减术"。约1594年，詹姆斯六世远航丹麦的随行御医克雷格造访纳皮尔，克雷格将第谷所用"加减术"告诉了纳皮尔。

这是纳皮尔对数思想的又一源泉。

虽然利用许凯、施雷伯或施蒂费尔的双数列可以简化计算，但这样的数表并不实用，因为它所含的数太少，对于2的正整数次幂以外的数，完全无用。纳皮尔的创新之处在于找到扩充数表的方法。他选择10^7作为等比数列的首项，$1-10^{-7}$作为公比：

$$10^7 \quad 10^7(1-10^{-7}) \quad 10^7(1-10^{-7})^2 \quad 10^7(1-10^{-7})^3 \quad \cdots \quad 10^7(1-10^{-7})^n \quad \cdots$$
$$0 \qquad\qquad 1 \qquad\qquad\quad 2 \qquad\qquad\qquad 3 \qquad\qquad\quad \cdots \qquad\qquad n \qquad\qquad \cdots$$

在这样一个数列中，相邻两项的间隔很小，因而我们可以在其中找到所需要的数。

1615年，远在伦敦的数学家布里格斯（H. Briggs，1561—1630）读了《奇妙的对数表说明书》后，惊叹不已，爱不释手。在写给友人的一封信中，布里格斯说，自己从未遇到过一本让他如此愉悦的书。他致信纳皮尔，说暑期里要专程去拜访他，并约好见面时间。

布里格斯爽约了,他没能赶在信中约定的时间到达梅奇斯顿。其实也不能怪他。那时候没有高铁,没有汽车,只有马车。从伦敦到爱丁堡,乘马车需要整整四天四夜。如果天气不好,迟到在所难免。

清晨,纳皮尔吩咐仆人们打扫庭院,整理客房,准备迎接远方的稀客。但是,一直等到夕阳西下,伦敦的几何学家没有现身。

翌日,依然失望。

到了第三天,纳皮尔在客厅再也坐不住了。他对朋友马尔说:"看样子,布里格斯是不会来了。"话音刚落,楼下响起了敲门声。马尔急忙下楼开门,来客通报,自己是布里格斯。马尔将客人领到二楼的客厅。两位数学家初次会面,彼此在沉默中对视了整整一刻钟。我们无法想象,那是多么激动人心的时刻!人生得一知己足矣。两位哲人相见恨晚。

布里格斯一住就是一个月。能否将 0 作为 1 的对数,1 作为 10 的对数,从而对对数进行改进?两位数学家达成了共识,于是,紧接着对数的发明,常用对数诞生了。

1616 年暑期,他们又一次相聚梅奇斯顿。他们原本约好下一年暑期再次相聚,怎料天不假年,纳皮尔不幸病逝。不久,布里格斯出版了他的常用对数表。试想,布里格斯一定想用他的数表来告慰他的朋友、对数发明者、苏格兰一代伟人纳皮尔的在天之灵。

在本讲座的最后,对以下问题作出回答:我们为什么要纪念纳皮尔?

从纳皮尔的一生中,我们可以读出以下几个关键词。

一是"执着"。人生能有几个二十年?纳皮尔用二十年的时间致力于同一件事,取得了成功,为我们诠释了"执着"二字在实现人生价值过程中的重要性。

二是"坚强"。少年丧母,青年丧妻,慈父入狱,家园失陷,面对生活中的灾难和不幸,纳皮尔没有沉沦,没有失去生活的勇气。

三是"责任"。于国、于家、于知识界,纳皮尔都是一个有担当的人。当国家面临战争威胁,他发明众多军械,为保家卫国做准备;他看到天文学家苦于大数计算,便以寻找新的计算工具为己任;身逢乱世,他承担起了建设家园、维持家业的责任。

四是"交流"。纳皮尔的对数思想不可能从天而降,他是站在前人的肩膀上创造辉煌的;他与布里格斯的旷世之约,导致了常用对数的诞生,与前人、与今人的思想交流,是科学创造不可或缺的。

纪念纳皮尔,是为了让今人从先哲身上汲取精神养料。

荒寨寻宝、巧捉飞鸽、神鸡识贼、处理纠纷……如果我们觉得纳皮尔的所作所为很难与一位取得 17 世纪三大数学成就之一的数学家联系在一起的话,那么,这种看法实际上源于我们对数学家的不恰当的认识。数学是人类的一种文化活动,数学是人"做"出来的。但做数学的人和从事其他体力和智力活动的人一样,并非生活在真空之中,他们不可能不食人间烟火,不可能是完美无缺的。纳皮尔的生平让我们看到数学家作为普通人的一面。

纪念纳皮尔,是为了揭示数学背后的人性,让今人能穿越时空,走进古人的心灵之中,从而正确认识数学家和数学活动的本质。

最后,从天文计算的需要,到等比数列和等差数列之间对应关系的应用,再到对数的发明,我们看到对数的发生发展过程。但传统数学教学往往直接用指数来定义对数,使得对数概念仿佛从天而降,对数概念的学习动机荡然无存。

纪念纳皮尔,还为了今人更深刻地理解对数概念,更自然地教授对数概念。

3. 大哉言数

话剧《大哉言数》的创作与演出时间可以回溯到 2014 年——那年距离纳皮尔发明对数恰是 400 周年,华东师大的师生们因此想到用这样一部独具特色的原创数学话剧来纪念这一科学史上的伟大发明。希望通过这一话剧的创作与实践演出活动,带领更多的同学们一道来"体验"数学历史上的这一传奇之旅,以及蕴藏在其故事背后的科学理性精神。也正如汪晓勤教授在他的讲座中提到的:"纪念纳皮尔,是为了揭示数学背后的人性,让今人能穿越时空,走进古人的心灵之中,从而正确认识数学家和数学活动的本质。"

话剧故事开篇于一场名曰"大哉言数"的数学讲座,以现代学生叶琳听讲座时走神的穿越,真实地还原了纳皮尔发明对数的整个过程。故事讲述了纳皮尔从失意到振作,从武器发明到数学研究 20 年的经历。

以"大哉言数"为主题的这一话剧中的讲座,部分地借鉴了著名科普作家张远南先生的《函数和极限的故事》一书的一节:大数的奥林匹克。现将其稍加以改编,摘录如下,以便在话剧演出中制作 PPT 或者话剧再创作时加以使用。

原始人对数的认识是极为粗糙的。就计数本领而言,即便是那时的部落智者,也难以与如今的幼儿园小朋友相抗衡!

到了上古时期,人们仍然满足于一些不大的数,因为这些数对于他们的日常生活,已经足够了。罗马数字中最大的记号是 M,代表着 1000。倘若古罗马人想用自己的记数法,来表示如今罗马城人口的话,那可是一项极为艰巨的劳动。因为,无论他们在数学上是何等的训练有素,也只能一个接一个地写上数以千计个的 M 才行!

在 3000 多年前的古埃及和古巴比伦，10^4 已是很大的数。那时的人认为，这样的数已经模糊得难以想象，因而称之为"黑暗"。几个世纪以后，界限拓展到 10^8，即"黑暗的黑暗"，并认为这是人类智慧所能达到的顶点！

在同样古老的国度中国，在对约 3500 年前的殷墟的考古中，人们在兽骨和龟板上的刻辞里，发现了许多数目，其中最大的数达 3 万。

很明显，大数的奥林匹克纪录是很难长时间保持的。历史前进的车轮是怎样影响人类记数史的，只要看一看下面的例子就足够了！

这是历史学家鲍尔记述的有关"世界末日"的古老传说：

"在世界中心贝那勒斯（印度北部的佛教圣地）的圣庙里，安放着一块黄铜板，板上插着 3 根宝针，细如韭叶，高约腕尺。梵天在创造世界的时候，在其中的一根针上，从下到上串上由大到小的 64 片金片。这就是所谓的梵塔。

"当时梵天授言：不论黑夜白天，都要有一个值班的僧侣，按照梵天不渝的法则，把这些金片在 3 根针上移来移去，一次只能移一片，并且要求不管在哪根针上，小片永远在大片的上面。当所有的 64 片都移到另一根针上、串成另一个梵塔时，世界将在一声霹雳中消灭，梵塔、庙宇和众生，都将同归于尽！这，便是世界的末日……"

只要稍加思考就可以看到，要把梵塔上的 64 片金片全都移到另一根针上，需移动的总次数约是 1.84×10^{19} 次，这需要夜以继日地搬动 5800 亿年！想必梵天在预言的当初，也未必认真计算过。不过，上面的数字和我们将要遇到的大数相比，可的的确确小得令人悲哀！

大约公元前 3 世纪，大名鼎鼎的古希腊数学家阿基米德，曾用他那智慧超群的脑袋，想出了一种书写大数的办法，并为此上奏当时叙拉古国王的长子格朗。这篇流芳千古的奏本，开头是这样写的：

"王子殿下：有人认为无论是叙拉古还是西西里，或其他世上有人烟和无人迹之处，沙子的数目是无穷的。另一种观点是，这个数目不是无穷的，但想要表达出是做不到的。显然，持这种观点的人肯定认为，如果把地球想象成一个大沙堆，并将所有的海洋和洞穴统统装满沙子，一直装到与最高的山峰相平，那么，这样堆起来的沙子总数是无法表示出来的。但是，我要告诉大家，用我的方法，不但能表示出占地球那么大地方的沙子总数，甚至还能表示出占整个宇宙空间的沙子总数……"

阿基米德并没有言过其实，他果真算出了占据整个宇宙空间的沙粒总数为 10^{63}。

这在当时可是一个大得足以使人吓出梦魇的数字！不过，那时阿基米德所认识的宇宙与现实的宇宙有很大的不同。那个时代的天文学家错误地认为，恒星是固定在一个以地球为中心的大球面上。这个球的半径照阿基米德的数据推算，大约是 1.2 光年,而今天人们已经确切知道,可观察宇宙的半径在 $1.3×10^{10}$ 光年以上。这一天文学上称为"哈勃"的宇宙半径,要比阿基米德的宇宙半径约大 100 亿倍。所以,要填满哈勃宇宙所需要的沙粒数,至少是 $10^{63}×10^{10}×10^{10}×10^{10}=10^{93}$。

20 世纪 40 年代,美国数学家和作家爱德华·卡斯纳在他的《数学和想象》一书中,引进一个叫作"googol"的数,此数相当于 100 个 10 连乘起来,即 10^{100}。不知什么缘故,"googol"的出现,居然很快风靡全球,以至于如今的袖珍词典,也收进了这个新词。

"googol"自然是一个极大的数,它比我们上面讲到的哈勃宇宙的沙粒数要大 1 000 万倍! 不过,它依然还成不了大数奥林匹克的金牌得主,比它更大的数多的是。比如说,围棋是人们喜爱的体育娱乐项目,围棋盘上有 $19×19=361$ 个格点。从理论上讲,每个格点可以放黑棋、白棋,或者不放棋子。这样,361 格,每个格有 3 种可能,共有 3^{361} 种可能的局势变化。借助于对数表来计算一下可知:

$$3^{361}=10^{\lg 3^{361}}=10^{361×\lg 3}=\cdots\approx 10^{172},$$

这个数要远远大于"googol"(大上很多很多)。

直至 1955 年,数学家们所知道的最大的有意义的数,是南非开普敦大学史密斯教授在研究素数时发现的,它大约为 $[(10^{10})^{10}]^3=10^{300}$。

如今时间又过了半个多世纪,以上的大数纪录已被一再刷新。为了让同学们弄清今日大数奥林匹克冠军宝座的归属,我们还得从"梅森素数"说起。

梅森是 17 世纪法国著名数学家,他与笛卡儿曾就读于同一所中学。1644 年,梅森指出,在形如 2^p-1(记作 M_p)的算式中,存在有许多素数。这些素数现被称为梅森素数。

在梅森时代,人们仅知道 5 个梅森素数,它们是 M_2,M_3,M_5,M_7,M_{13}。在梅森工作的引领下,数学家们又发现了另外 7 个梅森素数:

$$M_{17},M_{19},M_{31},M_{61},M_{89},M_{107},M_{127}。$$

这些素数精灵见证了 16 世纪至 20 世纪初,诸多数学家寻觅梅森素数的艰难而传奇的历程。

当时间的步履来到 1962 年,借助于电子计算机,人们又找到了 8 个梅森素数,其中最小的那个是 $M_{521}\approx 6.86×10^{156}$,已经大大超过了"googol"。没过多久,美国伊里诺斯大学的数学家,又找到了 3 个更大的梅森素数,其中最大的那个是 M_{11213},这个数约是

$$M_{11213}\approx 2.81×10^{3375},$$

这更是"googol"所望尘莫及的!

M_{11213} 的冠军宝座尚未坐热,便被 M_{19937} 取而代之。此后经年,又几番易主。到 1998 年 1 月冠军宝座尚属 $M_{3021377}$,到了 2004 年 5 月又换成 $M_{24036583}$。2013 年 1 月 25 日闪亮登场的 $M_{57885161}$,曾被《新科学家》杂志评为"2013 年自然科学十大突破"之一。目前的冠军是 2018 年 12 月 7 日发现的第 51 个梅森素数 $M_{82589933}$,这个长达 24 862 048 位的数字,可是当前人类所知道的最大素数。如果用普通字号将它打印下来,其长度将超过 100 千米!

大数传奇,何时又将迎来新的数字冠军? 让我们拭目以待。

二

曲线传奇

——柳形上

第一幕

第一场　跨越时空的"对话"

> 时间：1655 年前后
>
> 地点：法国
>
> 人物：帕斯卡(Blaise Pascal，1623—1662)
>
> 　　　费玛(一名现代的中学生，可由女生饰演)

〔灯亮处，舞台上有帕斯卡的身影，他看着(出现在 PPT 上的)如下的数列：

3，5，17，257，$65\,537$，$\cdots$

都是素数！

帕斯卡　知道么？上面的这些数有着一个共同的特性，它们都是形如 $2^{2^n}+1(n \in \mathbf{N})$ 的正整数。

〔在 PPT 上可以动态地呈现 $F_n := 2^{2^n}+1$，$n = 0$，1，2，3，4，5，$\cdots$。

帕斯卡　依稀还记得，那是在去年 8 月的某一天，我的数学家朋友，皮埃尔·德·费马(Pierre de Fermat，1601—1665)在写给我的信中说，他最近发现了一个绝妙的新"定理"：形如 $2^{2^n}+1(n \in \mathbf{N})$ 的正整数都是素数！(稍停了停，续道)是的，他在那封信中如此写道：

2 的平方加 1 为 5，是素数；2 的平方的平方加 1 为 17，是素数；16 的平方加 1 为 257，是素数；256 的平方加 1 为 65 537，也是素数；如此以至无穷……

这个"断言"真是惊艳！让人不由得流连忘返！不过，正如费马先生在信中承认的，它的证明真的很难……很难。(舞台上的帕斯卡再一次陷入沉思里)

〔费玛从舞台的一边上，来到帕斯卡的身边，看着他和那书桌上的信半晌，然后道：

费　玛　帕斯卡先生，您是想借助于数学归纳法来证明这一结论么？

帕斯卡　(若有所思地抬起头，喃喃道)数学归纳法？

费　玛　就是您用来证明"帕斯卡算术三角形"相关性质时，用到的那种递推证明的方法,这在数学上,被称为"数学归纳法"。

帕斯卡　哦——数学归纳法? 这个……这个方法我怎么从来没有听说过?

费　玛　嗯。"数学归纳法"这一名称,或许得再等待 200 年,才会出现在一位英国数学家德·摩根所写的一本叫做《便士百科全书》的书里,而后到了 20 世纪,才变得流行。

帕斯卡　(大为惊讶地)什么? 200 年之后……20 世纪? 你……你是谁?

费　玛　我是费玛,有幸和您的数学家朋友——皮埃尔·德·费马先生同名。我来自 21 世纪的中国。

帕斯卡　费玛? 21 世纪的中国?

费　玛　是的。我来到这 17 世纪的欧洲,是为了寻访两位伟大的数学家笛卡儿和费马——我想问问他们是如何发明解析几何的? 不想却最先在这里遇见您,如此倒是可以一起聊聊数学,(她指着 PPT 上的文字续道)比如聊聊我们面前的,这个著名的"定理"。

帕斯卡　(沉吟着)喔?

费　玛　您是一位天才的数学家,少年时代的您,即有许多数学发现。比如您发现了以您的名字命名的"帕斯卡算术三角形"——那在古代中国,被称为"贾宪三角"或者"杨辉三角"。

帕斯卡　哦——原来中国古代数学家也有相似的发现?

费　玛　是的。不过,让我好奇的是,您怎么会想到用"数学归纳法"来证明"帕斯卡算术三角形"的相关性质的?

帕斯卡　你说的是那种——递推证明的方法?

费　玛　嗯,是的。

帕斯卡　这种方法的哲思,可追溯到古希腊时代。无论在柏拉图的《巴门尼德篇》,还是欧几里得的《几何原本》里,都收藏有这一方法哲思的影迹。

费　玛　这么早?

帕斯卡　而在 10 世纪,犹太学者多诺罗在注释先辈的数学著作《创造之书》时,其中已可见递推思想方法之端倪。

费　玛　《创造之书》?

帕斯卡　另外,法国数学家本·吉尔森在写于 1321 年的《数之书》,以及 16 世纪意大利数学家莫若里可的《算术》一书,都涉及这种递推证明方法,我的递推证明方法的灵感正来自这两部书。

费　玛　不管如何,您的方法与 21 世纪的数学归纳法最为接近,您在证明中所提出的两个引理正是数学归纳法的两个关键步骤呢。哈,要知道,未来数学的发展,可要如此多借力于您导引的现代意义下的数学归纳法呀。

帕斯卡　喔,是么?

费　玛　不过,帕斯卡先生,或许连您也不曾想到,数学归纳法这玩意儿看似简单,却也是莫测高深哈……您的这一方法中的两个步骤,可是缺一不可呐!

帕斯卡　哦?

费　玛　(指 PPT 上的文字)就像这个断言,尽管其中最先有这么多项都是素数,然而,费马先生的这个绝妙的"定理",并不真的是定理。

帕斯卡　(惊讶地)啊,是么——费马先生的这个"定理"竟然会是错的?

费　玛　是的。比如这数列中的第六项就可以被 641 整除!

[说到此处,帕斯卡开始迫不及待计算出 $F_5 = 2^{2^5} + 1 = 641 \times 6\,700\,417$。(同时可借助于 PPT 来动态呈现这一计算过程)

帕斯卡　(叹道)天才! 你真是天才! 竟然有如此发现!

费　玛　帕斯卡先生,其实这并不是我的发现。这个奇妙的算式来自,一个多世纪后,喔,那是数学家欧拉的作品。

帕斯卡　欧拉?

费　玛　是的。和您一样,这位欧拉先生在数学的历史上也名声赫赫! 不单如此,借助于一些神奇的计算工具,21 世纪的我们已经知道,当 $n = 5, 6, 7, \cdots, 31$ 时,这些费马数 $F_n := 2^{2^n} + 1$ 都不是素数!

帕斯卡　啊哈,这未来的数学世界——真让人期待啊!

费　玛　（指着 PPT 上的算式）好了，天才的帕斯卡先生，这里有一个有趣的数学谜题留给您：

$$F_n = F_0 F_1 \cdots F_{n-1} + 2 (n \geqslant 2),$$

由此可以导引出这样一个很是有趣的定理：任何两个不同的费马数都没有大于 1 的公因子。哈哈，至于我，我要继续去寻访哲学家和数学家笛卡儿啦。请问，您知道他在哪里么？

帕斯卡　（看着 PPT 上的数学谜题，喃喃道）笛卡儿……他在哪里？（稍带缅怀神情，语道）年轻的朋友，有点遗憾，或许您来晚了，听说笛卡儿已在多年前过世了。

费　玛　笛卡儿先生已在多年前过世了？

帕斯卡　（仿佛更加专注于 PPT 上的那个数学谜题）是的。

费　玛　（吐露出几许遗憾）哎，那可真是不巧。（望着置若罔闻的帕斯卡）帕斯卡先生，帕斯卡先生……

〔舞台上的帕斯卡看似如此专注于那个谜题，没有搭理费玛——而在 PPT 上，或者经由帕斯卡的手呈现如下的图案：

在	处	人
却	灯	阑
珊	他	火

〔在那一刻，那个神秘的图案向费玛袭奔而来，于是她的手不经意间"遇见"其中的"他"字——在那一刻，未来数学世界的音乐之声响起！

〔灯暗处，两人下。随后 PPT 上出现如下的字幕。

第二场　哲学的天空

> 时间：1615—1618 年的某一天
> 地点：法国
> 人物：笛卡儿和他（其思想）的化身 E，费玛

［灯亮处，舞台上出现的有坐在书桌边上沉思的笛卡儿，还有他的化身 E——在一边静静地看着他。（费玛，将在恰当时从舞台的另一边上，伴随笛卡儿和 E 的对话，加以无声的表演。）

［话剧舞台上有 6—10 秒钟的等待，笛卡儿在沉思，在呢喃。

笛卡儿　（从书桌旁站起身来）哦……我有一个有趣的名字——笛卡儿，勒内·笛卡儿。

E　　　你知道么？多年后，勒内·笛卡儿——他将成为一位伟大的哲学家、数学家和思想家……

笛卡儿　……犹记得，那是在 1596 年 3 月的一天，我出生在法国靠近图尔的拉埃耶，出生在一个古老的贵族家庭。

E　　　那是一个伟大的时代，一个在斑斑驳驳的人类文明史上最伟大的智力时期之一。（稍停处）在他出生的那一年，伽利略 32 岁，莎士比亚即将在 20 年后辞世，而牛顿还未降生。

笛卡儿　我是家中的第三个，也是最后一个孩子。哎，母亲在我出生后几天就去世了。

E　　　所幸的是，他的极有理智的父亲，做了力所能及的一切……以弥补孩子们失去的母爱。

［费玛，从舞台的另一边上，向舞台上的笛卡儿挥挥手。但笛卡儿没有搭理她。

笛卡儿　感谢上帝。我遇见一个极好的乳母，带着我……我们一起长大。

E　　　再次结婚的父亲，一直以关注而明智的目光注视着他的"小哲学家"渐渐长大。小时候的笛卡儿，总想知道阳光下万物的本原，以及乳母给他讲的天国的奥秘……

　　　　〔费玛又向舞台上的E挥挥手，但E也没有搭理她。

笛卡儿　我并不是一个早熟的孩子，真的。只是因为体弱，我只好将活力用在智力的探索上。

E　　　小小年纪，不用父亲督促……小笛卡儿即能自己主动学习，他真是一个可爱的孩子！

笛卡儿　（稍停了停，续道）还记得是在——8岁那年，我来到了拉弗莱什的耶稣会学院读书，在这里，我有幸遇见亲爱的院长沙莱神父（Father Charlet），他是一位慈祥的长者。

E　　　这位神父和院长一眼即看出要培养这孩子的心智，必须先增强他的体质。

笛卡儿　沙莱神父注意到我似乎比同龄的孩子需要更多的休息，于是他告诉说，我早晨想躺到多晚就可以躺到多晚。除非想去教室和伙伴们在一起，不然我不必离开自己的房间。

E　　　（指着笛卡儿）羡慕吧，这都是些多么幸福的时刻！

　　　　〔费玛再向舞台上的笛卡儿挥挥手，但他依然没有搭理她。费玛露出委屈状。

笛卡儿　由此我有了晨思的习惯，每当我想要思考时，我就躺在床上……度过如此这般属于我的早晨！

E　　　你（们）知道么？那些在寂静的冥思中度过的漫长而安静的早晨，是笛卡儿——他的哲学和数学思想的真正源泉！

　　　　〔费玛再向舞台上的E招手，但E依然没有搭理她。费玛于是再露出委屈状。

笛卡儿　在拉弗莱什的耶稣会学院，我的功课很好！我尤其注重拉丁文、希腊文和修辞学的学习。

E　　　不过，所有这些只是少年笛卡儿学到的知识的一小部分。他的思考漫步在哲学和远方！

笛卡儿　我们究竟是怎么知道我们所知道的东西的？对于我们知道的东西，或者我们认为我们已知道的东西,我们又是怎么确定它们是正确的? 如此多的人已经研究了如此多的问题,但我们听说的和知道的却还是有这么多的错误和不确定,这是怎么回事?

E　　　思考如影随形,伴随着他,走过他的少年时代。在笛卡儿 17 岁离开学校以后,他比过去更长时间、更努力、更忘我地思考着。

笛卡儿　　世界是什么? 个别和共相究竟哪一个才是实在? 完美的上帝观念来自哪里? 古往今来,有多少先哲为此沉思,为之苦恼? 我们所在的世界,是一个虚幻的梦境,还是一个真实的存在? 我们如何来认识我们所在的这个世界? 我想我找到了一丝丝的线索,那就是,我可以怀疑一切事物来证明我的存在。

E　　　Cogito ergo sum(我思故我在)。笛卡儿的哲学征程由此起航……

笛卡儿　　(喃喃语道)不管是古希腊的先哲——他们富有智慧的哲思与想象,还是中世纪诸多哲学大师看似琐碎的伟大方法,都无法满足我的求知渴望。现在的我,如此厌恶这么多年辛劳的、枯燥无味的研究。(稍停处,续道)嗯,我想去见见世面,从有血有肉的生活中学习,而不仅仅从纸张和油墨中学习……我想我可以去从军,到欧洲,到世界各地游历,是的……在世界这部大书里寻找哲学与智慧!

〔舞台上,费玛又一次挥舞着她的手,这一回 E 终于回应了,给她递上那一神秘的图案。在她的手不经意间"遇见"其中的"火"字——在那一刻,未来数学世界的音乐之声响起!

在	处	人
却	灯	阑
珊	他	火

〔灯暗处,两人下。随后 PPT 上出现如下的字幕。

第三场　流动的期刊

时间：1626—1646 年间

地点：法国,数学家兼牧师梅森的家

人物：马林·梅森(Marin Mersenne)

皮埃尔·伽桑迪(Pierre Gassendi)

德·罗贝瓦尔(Gilles Personne de Roberval)

让·贝格兰(Jean Beaugrand)

费玛(或可化身为梅森的女仆)

[灯亮处,舞台上呈现的是,诸多数学家在梅森的小客厅举行家庭聚会的情景。

梅　森　嗨,我说各位,关于"形数"的概念,想必你们都不陌生吧?!

贝格兰　形数?

伽桑迪　形数,说的是那些同某些几何图形相关的整数的家族。哈,比如我们有三角形数 1,3,6,10,15,…;因为若有这些数目的点,则可以排成三角形。

[同时配合 PPT 呈现相关形数的故事。下同。

罗贝瓦尔　是的。1,4,9,16,25,36,…这些数则构成正方形数的家族,它们也被叫做平方数;同样,还有五边形数、六边形数、七边形数等等。

贝格兰　喔,原来如此!

罗贝瓦尔　在我的印象中,这类数早在古希腊时期就被人们研究了。

伽桑迪　这话不假。相传在那时,毕达哥拉斯学派就极为重视形数的研究,据说他们常把数描绘成沙滩上的鹅卵石或者沙粒,并由它们排列而成的形状对自然数进行研究。

梅　森　"数是万物的本原",神秘的毕达哥拉斯学派如是说。

贝格兰　　他们的这一理念，可真有趣！

梅　森　　在某种意义上，形数可谓构绘出毕达哥拉斯学派研究数的一枚基石。话说，那是在几个月前，我收到费马先生的一封来信，在信中，他告诉我们这样的一个定理：任何一个正整数都可以写成 3 个三角形数之和……

罗贝瓦尔　任何一个正整数都可以写成 3 个三角形数之和？

梅　森　　是的。比如 10 可以写成：$10=1+3+6$；而 $22=1+6+15$；……

伽桑迪　　若选择一个大一点的数，比如……比如 220，又将如何？

贝格兰　　（沉吟着）这个数嘛，可以写成 $220=1+66+153$。

梅　森　　对极了！（稍停后）在费马先生给我的信中，他说，任何一个正整数都可以写成 3 个三角形数之和。不仅如此，每一个正整数还都可以写成 4 个正方形数之和，也可写成 5 个五边形数之和，如此等等。

罗贝瓦尔　每一个正整数都可以写成 3 个三角形数之和，可写成 4 个正方形数之和，可写成 5 个五边形数之和；推而广之，每一个正整数都可以用 m 个 m 形数之和来表示？这听着真是太不可思议啦！

伽桑迪　　是啊。这真……真的会是一个定理么？

梅　森　　说真的，这一断言很是让人惊讶！当初我也是一点都不相信的。（稍停后）不过，在这几个月来，我验证了数以千百计的例子，它们都表明费马先生的"定理"是对的。

贝格兰　　如此说来，这可能真的会是一个绝妙的定理！？

伽桑迪　　喔，关于这个绝妙定理的证明，费马先生没有吐露只字片言？

梅　森　　有点遗憾地说，他没有。

罗贝瓦尔　哎，费马先生总是这样，用这样的方式"垂钓"出我们的数学好奇心。

梅　森　　是的。而在两天前，我又收到费马先生的一封来信，这一次他告诉了我另外一个新的定理。

贝格兰　　一个新的定理？那是什么定理？

梅　森　　这个定理说，对某类特殊形式的数之家族，只用两个正方形数的和即可表示它们：任何一个形如 $4n+1$ 的素数可以表示成两个平方数的和。

伽桑迪　想不到短短的几年间，皮埃尔·德·费马竟然在数论领域取得了这么多的成果。

罗贝瓦尔　是啊。这实在让人羡慕哈。要知道，他的本职工作是一名律师，数学只是他的业余爱好而已。

伽桑迪　可正是这样一位业余数学家，竟然比我们这些专业的数学家收获了多得多的数学上的成果。

　　　　［由费玛饰演的女仆从舞台的一边上，给这些数学家带来了茶与点心，然后静候一旁。

贝格兰　（喝了口茶）费马先生真是一位天才呵。记得在几年前，他就用一种奇妙的方法解决了一个古老的数学问题——帕普斯轨迹问题。

梅　森　是的。多年前，费马先生天才地将代数应用于几何，经由此解决了著名的帕普斯轨迹问题。因此还和勒内·笛卡儿先生有过一些不愉快的"数学战争"呢。

伽桑迪　不愉快的"数学战争"？噢，说来听听——

梅　森　（端起茶杯，喝了口茶）这其中的故事还得从笛卡儿的《几何学》一书说起。

伽桑迪　这书好像是在 1637 年出版的。

梅　森　在阅读笛卡儿先生的这本书稿后，费马发表了一个他认为是纯科学批评的见解。作为深信实验之重要性的人，他反对笛卡儿在研究物理现象时对数学的依赖。另外，他认为，笛卡儿对折射定律的演示和证明，实际上根本就不是证明。

罗贝瓦尔　费马在给您的信中，是这么说的？

梅　森　是的。费马先生在给我的信中，写下了他形如上的评论，并且最后建议说，他乐意和笛卡儿先生……共同寻找真理。

贝格兰　可以想象，当笛卡儿先生看到这些话时，会有怎样的反应。哈哈。

伽桑迪　以笛卡儿先生的个性，对于费马的，以及其他数学家的评论，他大都会以愤怒和轻蔑加以回应。

梅　森　　是的。在一封写给我的信中,他指责费马既缺乏做数学家的素质,又缺乏做一个思想家的素质。他说,费马的方法有缺陷,因此,费马的工作几乎没什么价值。他更进一步地暗示说,费马的很多成果都应该归功于他。

贝格兰　　胡说八道。就我所知,在笛卡儿的《几何学》一书出版前,费马先生已经将他的方法用于解决轨迹问题。人们相信,在当时,费马完全不知道笛卡儿的成果。

罗贝瓦尔　可是,费马先生在信和论文中常常忽略细节,这可能会让笛卡儿很轻易地找到驳斥的口实。

梅　森　　笛卡儿坚定地相信在数学知识的任一分支里,他的同伴都没有值得他学习的地方。特别是,他让他的读者们确信,他对费马的成就评价不高。在给我的一封信中,他宣称这位"最大值和最小值先生"的批评没有一个……能够解决任何古代几何学者没解决的问题。

费　玛　　(忍不住插话道)梅森先生,这可不对。据我所知,费马先生经由最大值和最小值来求切线的方法就比笛卡儿先生的高明得多得多……

　　　　　〔众人惊讶地看着她。

罗贝瓦尔　梅森先生,你什么时候有了这样一位富有智慧的女仆?

费　玛　　梅森先生,我(们)可以看看笛卡儿和费马以前写给您的诸多信件么?

梅　森　　哈哈,可以,请跟我来。

　　　　　〔费玛愉快地随着梅森去取信。忽然一声热闹的音乐声响起。

　　　　　〔舞台上灯光骤然暗下,众人下。随后PPT上出现如下的字幕。

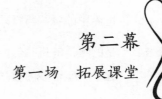

第二幕

第一场　拓展课堂

> 时间：2019 年某月
>
> 地点：M 中学图书馆
>
> 人物：费玛(女,来自 M 中学,喜爱数学与读书)
>
> 　　　欧若拉(女,费玛的同班同学)

[在 M 中学的图书馆里,隐约有同学几人,稀稀落落散坐在那些座位中,其中一人——那是费玛正趴在书桌上,似在睡梦里。

[灯亮处(舞台上),欧若拉从舞台的一边上,打碎了费玛的梦境。

欧若拉　(在费玛的肩上轻拍了拍,语道)嗨,费玛。原来你……果然在这里!

费　玛　(从梦中惊醒,有点懵懂地看了看欧若拉)欧……欧若拉? 我……我们这是在哪里呀?

欧若拉　在哪里? 我们能在哪里……当然是在学校的图书馆哈!

费　玛　(喃喃道)图书馆?! 啊,原来我又回到了 21 世纪的现在! (转而微嗔道)欧若拉,你可知道,你惊扰了我的好梦!

欧若拉　(笑道)梦? 你正在做梦? 你都梦见什么了?

费　玛　我梦见……梦见自己来到了 17 世纪的欧洲——法国,见到了那个时代许多著名的数学家——帕斯卡、笛卡儿、梅森,还有……

欧若拉　笛卡儿、梅之声? 你"穿越"到了 17 世纪的欧洲?! 真神奇!

费　玛　是啊。要不是你……要不是被你惊扰,说不定我已经和笛卡儿先生对上话了呢!

欧若拉　喔,是么? 笛卡儿,我记得,他是一位法国数学家,那可是解析几何的发明者呢。

费　玛　(略微清醒中)嗯,笛卡儿被誉为解析几何之父。正是他的天才创见,将数学世界中的"数"与"形"加以统一,进而开拓了广阔的科学领域。

欧若拉　是的呵。解析几何的神奇,经由坐标系的创建,笛卡儿在代数和几何之间架起了一座奇妙的数学桥……

费　玛　是的。解析几何在代数和几何之间架起了一座奇妙的数学桥。不过,在数学的历史上,最先拥有同样思想的人,除了笛卡儿,还有费马,皮埃尔·德·费马,他们独立地发明了解析几何。

欧若拉　笛卡儿和费马……两人独立地发明了解析几何?这背后的数学故事一定很有趣很精彩吧?!

[费玛瞥了一眼她面前书桌上的科普读物。

费　玛　嗯。话说在数学的历史上,对于是谁发明了解析几何,甚至对于这项发明起源于什么年代,存在着不同的意见。

欧若拉　存在着不同的意见?

费　玛　早在遥远的古代,坐标的概念即被古埃及人和古罗马人用于测量,被古希腊人用于绘制地图。古希腊数学家阿波罗尼奥斯(Apollonius of Perga,约公元前262—前190)甚至已借助于"坐标轴"来讨论和导引出圆锥曲线——几何学的某些性质。

欧若拉　啊?坐标的出现原来这么早?

费　玛　嗯。有一些数学史家赞成说,奥雷姆(Nicole Oresme,1323—1382)是解析几何的发明者,因为这位14世纪的法国数学家最先采用几何图形来表示运动,经由坐标来曲线作图。

欧若拉　哦?这又是一位法国数学家。

费　玛　不过,绝大多数的数学家认为笛卡儿和费马才是解析几何的创立者。因为他们的工作才真的到达解析几何历史之旅中最为关键的第三阶段——他们建立了代数与几何之间的联系。

欧若拉　最为关键的第三阶段?

费　玛　还记得吧?老师在课上讲过,解析几何的思想之基石在于,借助于坐标的概念,平面上的点可以与有序实数对建立对应关系,从而使得平面上的曲线和两个变量的方程之间的对应成为可能。

欧若拉 是的。经由此,平面上的每一条曲线,都存在有一个确定的方程 $f(x, y) = 0$ 与之对应;反之,对于每一个这样的方程,都存在一条曲线与之对应。

费　玛 再进一步,所关注的曲线的几何性质可以通过方程 $f(x, y) = 0$ 的代数和解析性质来联系和刻画。反之亦然。

欧若拉 确是这样。

费　玛 笛卡儿被认为是解析几何的发明者,多半是因为他在 1637 年出版了一部著名的哲学著作《方法论》。

欧若拉 《方法论》? 哲学著作?

费　玛 不知道吧? 笛卡儿的《方法论》一书,据说可以和牛顿的名声赫赫的《自然科学中的哲学原理》相媲美呢。

欧若拉 (吐了吐舌头)《方法论》那书……也这么牛?

费　玛 那当然。话说《方法论》书中有三个附录,《几何学》是其中之一,解析几何的发明就藏在这篇附录中。

欧若拉 啊。原来解析几何的发明竟然隐藏在一部哲学著作的附录中。

费　玛 你可不要小瞧这个附录,它可是有 100 多页呢。

欧若拉 什么? 一个附录竟然有一百多页?

费　玛 是的。笛卡儿在他的《几何学》中言道,他创立解析几何的出发点是基于一个著名的古希腊数学问题——叫做帕普斯问题。笛卡儿解决了问题比较一般的情形,由此建立起了属于他的解析几何思想。

欧若拉 那个叫做"帕普斯问题"的问题一定很有趣吧?!

费　玛 (沉吟着道)无独有偶。有趣的是,费马关于解析几何的发现也连接著名的帕普斯轨迹问题。

欧若拉 啊? 他们俩竟然都和帕普斯有关? 这……这帕普斯是什么东西?

费　玛 这帕普斯可不是什么东西……而是一位数学家,一位来自古希腊时期非常著名的数学家。

欧若拉　（吐了吐舌头，笑道）喔。原来是这样。

费　玛　话说费马于 1628 年前后，在图卢斯大学毕业后，在波尔多师从韦达的弟子们学了好几年数学。其间他研读了古希腊数学家帕普斯的数学著作，从中了解到阿波罗尼奥斯已经失传的《平面轨迹》和帕普斯的"n 线轨迹"问题。他将韦达的符号代数方法用于阿波罗尼奥斯的轨迹定理，从而产生了解析几何的思想。

欧若拉　他是不是把他的数学思想也写在某部哲学书里面了？

费　玛　是的。不过不是一部哲学书，而是一部数学著作，叫做……叫做《平面与立体轨迹引论》，其中清晰地阐述了自己的解析几何思想。费马写道："在最后的方程中出现两个未知量时，我们就得到一个轨迹，其中一个未知量的末端画出了一条直线或曲线。"这就是说，用代数方法解几何问题时，最后得到含两个未知量的方程，则所得结果表示一轨迹：直线或曲线。

欧若拉　轨迹——曲线——方程？

费　玛　是的啊。尽管笛卡儿和费马都是从古希腊轨迹问题出发，将代数应用于几何，发明了解析几何。不过，他们的关注点还是不同的。在很大程度上，笛卡儿更感兴趣于从轨迹问题开始，然后找它的方程；费马则从方程出发，然后来研究轨迹曲线。而这正是解析几何基本原理的两个相反的方面。

欧若拉　费玛，你懂的可真多！

费　玛　（拿起桌上的书）这不，有关解析几何的这些数学故事，或多或少都在卡茨（Victor J. Katz）先生的这本有关数学史的书里呵。

欧若拉　（凑过前去，看了看）这书真厚，费玛，你阅读了多少？

费　玛　不多不少。恰有其中的三五章。

欧若拉　我要是像你这样，喜欢读书就好了。

费　玛　是呀，欧若拉，一道来读书吧。读书可以告诉你诸多先哲们的智慧人生，读书可以告诉你科学家的思想历程，读书可以告诉你解析几何的伟大故事……

欧若拉　记得 Y 老师曾在数学课上如是说，解析几何的诞生可谓是人类文明史上一个伟大的里程碑。由此有了变量数学，由此有了微积分，由此有了现代数学，由此有了现代文明的方方面面。

费　玛　嗯。正是由于解析几何的发明，使得人们可以借助于类比，从 2 维平面到 3 维空间，再进入到高维空间。经由代数和几何的相互转化，数学家们得以摆脱现实的束缚，探索更深层次的概念，从现实世界走向抽象世界，解析几何将我们带向一个全新的数学世界。

欧若拉　想想都让人思绪万千，在解析几何之后的数学世界又是何其繁杂。对了，这学期 Y 老师新开了一门数学拓展课——叫做《曲线传奇》。费玛，你打算选这门课么？

费　玛　那是……当然！你呢？

欧若拉　我啊，像我这样数学上五音不全的"小白"只好放弃咯。

费　玛　那你准备选哪门拓展课？

欧若拉　我想……我会选一门有关绘画美术的课。

费　玛　那可祝你好运呵！

欧若拉　哈哈哈，彼此彼此。

　　　　［灯暗处，众人下。有旁白出。

（旁白与故事讲述）

费　玛　欧若拉，你知道么？关于解析几何还流传着这样一段故事。

欧若拉　喔……什么故事？

费　玛　你知道……为何 1619 年 11 月 10 日被人们认为是解析几何的诞生日么？

欧若拉　不知道。为什么？

费　玛　话说 1619 年 11 月 10 日，圣马丁之夜，当他所在的军队在多瑙河畔扎营的时候，笛卡儿做了三个生动的梦。这些梦改变了他的全部生活进程。

欧若拉　这些梦改变了他的全部生活进程？

费　玛　后来笛卡儿回忆说，这些梦如神奇的钥匙，打开了大自然的宝库，这些梦向他揭示了"一门了不起的科学"和"一项惊人的发现"。

欧若拉　喔？那……这把神奇的钥匙是什么呢？这门了不起的科学和惊人的发现又是什么？

费　玛　这把神奇的钥匙是什么呢？这门了不起的科学是什么？笛卡儿没有告诉任何人。人们通常认为，这正是代数应用于几何，简言之，即解析几何。因此，1619 年 11 月 10 日也常被人们认为是解析几何的诞生日，这一天也是近代数学的诞生日。

欧若拉　原来在解析几何的背后还有这样神奇的梦境故事……

〔随后，舞台 PPT 上出现如下的字幕。

第二场　几何学家的海伦

> 时间：2019 年 10 月的某个周末
> 地点：上海,某公园
> 人物：费玛,欧若拉,梅之声等诸多同学

[灯亮处,舞台上出现费玛、欧若拉两人的身影。在欧若拉的面前,似有一幅涂鸦的画作,不过她只是在构思着什么。

费　玛　　(看着画布上的空白)欧若拉,你倒是画画呀?

欧若拉　　(笑道)嗯。需要点灵感不是?!

费　玛　　(有点奇怪地转头看她)灵感? 这……这画画也需要灵感?

欧若拉　　那是当然。

费　玛　　哦,真稀奇,搞得和解数学题似的。

欧若拉　　嗬哈,画出一幅好画,可是比解出一道数学难题还难呢。

费　玛　　喔。是么?

[费玛的目光从欧若拉看似画画的涂鸦移到不远处的舞台。同时,PPT 上出现一个骑自行车的同学,滚动的车轮从地面上粘起一枚掉落在那里的口香糖,当车轮继续向前时,这枚口香糖就在空中划出一条奇妙的曲线——那是摆线。

费　玛　　(看着前方粘在滚动的车轮上的那枚口香糖,喃喃道)喔。真有趣!

欧若拉　　(看向她)有趣?!

费　玛　　(用手指着舞台前方)看见了吗? 那枚粘在自行车轮上的口香糖。

欧若拉　　(放下手中的画笔)口香糖?! 嗯,这有什么奇怪的……

费　玛　　欧若拉,你可知道? 伴随着那自行车轮的滚动,这枚口香糖在空中划出的,会是一条很奇妙的曲线——

欧若拉 奇妙的曲线？

费 玛 是的。那是一条非常奇妙的曲线——它被叫做"摆线"！

欧若拉 摆线？

费 玛 嗯。在上回的《曲线传奇》这一数学拓展课上，Y老师正好给我们讲到了这类奇妙曲线的故事。

欧若拉 奇妙曲线的故事？哦……说来听听。

费 玛 你知道数学家是如何定义摆线的么？

欧若拉 怎么定义的？

　　　　［费玛笑着从欧若拉的手中接过画笔，在看似空白的画卷上画出了一条摆线。

费 玛 （指着那幅图）让我们设想有一个圆沿一直线缓缓地滚动，则圆上一定点 M 运动的轨迹被称作摆线！

欧若拉 （盯着那幅画）可是，这曲线看着倒也不是很稀奇。

费 玛 （笑道）不知道吧？在数学的历史上，摆线的故事可以追溯到很早很早以前。

欧若拉 哦……是么？

费 玛 它可以追溯到17世纪——

欧若拉 17世纪?! 那不正是笛卡儿所处的时代么？

费 玛 是的。摆线的故事至少可以追溯到17世纪的欧洲。（稍停处，语道）不过，说到底是……谁最早研究摆线的？这却是一个谜。

欧若拉 一个谜？

费 玛 话说伽利略——这位被誉为"现代科学之父"的科学家——第一个为摆线命名：cycloid。而后，经由他的研究之手，摆线从一个寂寂无闻者跃居为那一时代的科学宠儿。

欧若拉 喔，大名鼎鼎的伽利略竟然也与摆线的故事有关联?!

费 玛 不单有伽利略。17世纪的欧洲，有一大批卓越的科学家，如笛卡儿、帕斯卡、梅森、惠更斯、约翰·伯努利、莱布尼茨、牛顿等等都热心于这一曲线性质和特征的研究。

欧若拉 啊,原来摆线竟然有这么多超级粉丝?!

费　玛 嗯,如此多的追随者,在那个热衷比赛的年代⋯⋯于是伴随着众多发现,出现了许多有关发现权的争议,剽窃的指责,以及抹杀他人工作的现象。因此,摆线又被誉为"几何学家的海伦"。

欧若拉 几何学家的⋯⋯海伦?

费　玛 是呀,在希腊神话中,海伦是众神之王宙斯的一个私生女,被认为是世间最美丽的女子。她的绝世美貌引来众多的追求者,可是也给她带来了不幸,并导致了长达十年的特洛伊战争⋯⋯

欧若拉 (恍然道)摆线⋯⋯几何学家的海伦。哈哈,哈——

费　玛 是的,摆线可谓是数学中最迷人的曲线之一。你可知道,在它身上,蕴含有许多奇妙的性质。在摆线的背后,有着很多迷人的数学故事呢。

欧若拉 如此⋯⋯如此说来听听!

　　[费玛沉吟着,她的目光在公园的四周寻找着什么。然后她见到了不远处有一群小孩在一些滑梯上玩耍。

费　玛 (指着那边的景象,笑着语道)喔,欧若拉,看到那边的滑梯了么?

欧若拉 嗯。怎么啦?

　　[费玛走上一步,将画架上的摆线倒过来,然后在其上两点添加了一直线。(PPT 上呈现右图)

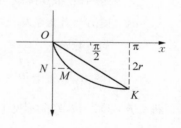

费　玛 让我们设想有这样两个滑梯:一个是日常的滑梯,其滑道是倾斜的直线(图中的 *OK*);而另一个则是摆线滑梯,其滑道是(图中的)这样的摆线弧 *OMK*。一个有趣的问题是:如果笛卡儿先生和费马先生都从 *O* 点起始,分别沿着通常的滑梯和摆线滑梯滑下,他们谁最先到达最底下的 *K* 点?

欧若拉 是谁?是笛卡儿?⋯⋯抑或者是费马?

费　玛　哈哈哈。到底是谁？欧若拉，你的选择是，笛卡儿还是费马？

欧若拉　（看着费玛，笑道）我不知道。我的费马，你可否给点……给点提示？

费　玛　想想看，欧若拉，我们有学过，不管是欧氏几何，还是解析几何，都告诉我们说，连接两点间直线的距离最短……因此……

欧若拉　（看似灵机一动）哈，我知道了。最先到达底部的是笛卡儿！因……因为其中的直线 OK 比摆线弧 OMK 短很多！

　　　　［掌声在费玛的手中响起。

费　玛　（笑语道）亲爱的欧若拉，你很聪明，你真聪明，你真是果然聪明……

欧若拉　（有点骄傲地）怎么样？费马，我是不是说对了？

费　玛　很荣幸地告诉你，我亲爱的欧若拉，你的推理看似是如此的正确……可是，你的答案却是错的！

欧若拉　（很是惊讶地）错的？难道最先到达底部的是费马先生？

费　玛　费马。是的，最先到达底部的是"我们的费马先生"！

欧若拉　可是，这是为何？你看，明明其中的直线滑梯的 OK 比摆线滑梯弧的 OMK 短上很多！

费　玛　关于这个问题的解，其实连接着一个著名的科学问题——在数学历史上，它被叫做"最速降线问题"，说的是：给定不在同一铅垂线上的两点，一质点在重力的作用下从较高点下降到较低点，问沿着什么样的曲线运动其所需的时间最短？

　　　　［舞台上，有一语声在此时响起。舞台的另一边，梅之声已先一步来到。

梅之声　欧若拉，好久不见了。

欧若拉　（转过头去，看着他，有点惊讶道）梅之声？！想不到会在这里见到你！

梅之声　是呵是呵。哦，欧若拉，（指着费玛道）这位是？

欧若拉　我的高中同学和闺蜜，费玛。（接着和费玛语道）这是我小学时代的同学兼玩伴，梅之声。他可是一名未来的导演呵，现在呢，在 Q 学校读书呢。

费　玛　你好！很高兴见到你！

梅之声 （拿出两张门票）真巧，最近我参与了一个原创三幕剧的比赛。欧若拉，欢迎你和你的同学（们）一道来看由我们主创的话剧《当数学遇见浪漫》，这部话剧呀，改编自网络上广为流传的"笛卡儿和瑞典公主的爱情传奇"。

［灯暗处，众人下。随后 PPT 上呈现有如下的字幕。

第三幕

第一场 他是谁

> 时间：1650 年前后
>
> 地点：瑞典斯德哥尔摩的街道上
>
> 人物：笛卡儿，克里斯汀公主，王后，车夫（侍卫）

[灯亮处，一名衣衫褴褛的老者——笛卡儿从舞台的一边上，他随身所带的只是几本数学和哲学书籍，慢慢地一路蹒跚地走过舞台中央——沉思着说点什么，然后来到了舞台的一角，坐了下来。那是一个宁静的午后，这位老人只是默默地低头在纸上写写画画，潜心于他的数学世界。

[偶有路人经过，会给这位落魄的老人丢下几枚钱币，可是这位老者却无动于衷，他如此沉浸于哲学和数学世界，以至于身边过往的人群，喧闹的车马，都无法干扰到他……

（上面的这一画面或可以哑剧的形式出现。）

[终于——那是话剧时间里的 3 分钟后，有一辆华贵的马车路过——车上有一位看着很是高贵的女子和一个女孩（约 13—15 岁）从舞台的一边上，女孩好奇地看着坐在街道上的老人，问道：

小女孩　（克里斯汀公主）母后，你看，那边有一位老人。

王　后　是的，克里斯汀。

克里斯汀　这位……这位老人可真奇怪！你看他穿着破破烂烂的衣服，明明是一名乞丐，可是……为何他不开口乞求路人的施舍呢？

王　后　是呀。真奇怪。

克里斯汀　喔，他好像在画画？

王　后　嗯。他像是在画画。

克里斯汀　他也许在作曲？

王　后　　哦,是的。他可能……会是一位作曲家。

克里斯汀　(稍停了停)你看他明明是一名乞丐,可是,为何他不开口乞求路人的施
　　　　　舍呢?

王　后　　是的呵。真奇怪。

　　　　　〔恰逢有人路过,丢了一两枚钱币给沉思中的笛卡儿。

克里斯汀　你看你看,即便有人给他钱币,他都是不屑一顾。这位奇怪的老人,他……
　　　　　他都在忙些什么呀?

王　后　　是啊。他在做什么呢?

克里斯汀　母后,我想下车……我想过去看看,行吗?

王　后　　哦,克里斯汀,我的小宝贝。这可不行,我们总得知道他是谁呀?

克里斯汀　可是,他是谁啊?

王　后　　他也许是一名乞丐。

克里斯汀　可是,为何他不开口乞求路人的施舍呢?

王　后　　他或许是一位画家,或者是一名作曲家。

克里斯汀　我觉得这两者都不是。

王　后　　那……他会是什么人啊?

侍　卫　　(走近前来,回应道)尊敬的王后,这位老人——他名叫勒内·笛卡儿,听说
　　　　　他是一位著名的哲学家和数学家……

王　后　　笛卡儿……数学家? 这样的一位衣衫褴褛的老者,他会是一位哲学家和数
　　　　　学家?

侍　卫　　是的,王后。这街道上的人们都是这么说的。

王　后　　喔?

侍　卫　　听说,大约 1 个月前,他来到斯德哥尔摩,每天都流浪在这街道上。奇怪的
　　　　　是,他只是默默地低头在纸上写写画画,不知是否潜心于他的数学世
　　　　　界? ……

王　后　　喔！是么？

克里斯汀　母后，我可以让父王聘请他做我的数学老师么？我想学数学！

　　　　　［灯暗处，众人下。有旁白出。

旁　白　　几天后，笛卡儿意外地接到通知，瑞典国王聘请他做公主的哲学与数学老师。由此开启了一曲奇妙的数学与爱的传奇。

　　　　　［随后PPT上出现如下的字幕。

第二场　思想的名片

时间：17世纪50年代
地点：瑞典，皇宫一隅
人物：克里斯汀，笛卡儿

[灯亮处，舞台上，有书房一隅，笛卡儿和克里斯汀在谈天说地，聊哲学人生……

克里斯汀　笛卡儿先生，在您的《哲学原理》(Principles of Philosophy，1644)一书中，我看到一个很有趣的哲学命题：Cogito ergo sum(拉丁语)。

笛卡儿　喔？有趣？

克里斯汀　"我思故我在。"这个哲学命题真的有趣，可是，它又如此让人费解。

笛卡儿　是的。这个命题会有点让人费解。在我觉得，哲学追求的起点，应该——可以是对人类认知能力最根本、最彻底的怀疑。

克里斯汀　对人类认知能力最根本、最彻底的怀疑？

笛卡儿　一切迄今我们以为最接近于"真实"的东西都来自感觉和对感觉的传达。但是，我们亲眼见到的东西就一定是真的么？

克里斯汀　有的时候，可能不是。

笛卡儿　比如沙漠里的海市蜃楼，它并不是真实的，而只是幻影；再比如插入水中的木棒，视觉上给人一种折断的错觉。

克里斯汀　嗯。我们的眼睛常常会误导我们。

笛卡儿　从童年时代起，我就养成了"晨思"的习惯。躺在床上，在那似梦非梦间，我常在想，我们清醒时的感觉与做梦时的感觉之间有何区别呢？当我仔细思索这个问题时，我发现这两者并不一定有所区别。你怎能确定你的生命不是一场梦呢？

克里斯汀　当我躺在床上时,总以为过去的那些快乐时光只不过是个梦而已。

笛卡儿　而当我们做梦时,往往以为自己置身于真实世界中。因此,我开始对每一件事情都加以怀疑。而在此过程中,我逐渐认识到,怀疑是一个非常有趣的东西,它能让我的理论变得更"结实",因为,只有把不确定的因素全部剔除,才能搭建出最牢固的哲学大厦。

克里斯汀　笛卡儿先生,我好像懂了点。

笛卡儿　不过,尽管我怀疑一切。可是,有一件事情我认为是绝对真实的,那就是"我怀疑"。当我怀疑时,我必然是在思考,而由于我在思考,那么我必定是一个会思考的存在者。这就是 Cogito ergo sum——我思故我在。

克里斯汀　嗯。"我思故我在",这句话真是富有哲理与智慧!

笛卡儿　这句话……哈,这个看似简单的命题也是我所有哲学的起点。当然,为了建立属于我的哲学体系——大厦,我还需要借助于数学……

克里斯汀　借助于数学?

笛卡儿　是的。我希望用"数学方法"来进行哲学性的思考。用数学家证明数学定理的方式来证明哲学上的真理。(沉吟着)嗯,唯有理性,经由直观和演绎,由简单到复杂,我们才得以得出最接近真理的答案,最真实的知识。

克里斯汀　数学,真是一门神奇的学问呢!它竟然还可以用在哲学研究上?!

笛卡儿　对极了。数学真的是一门神奇的学问。(稍停处,笛卡儿在书桌上拿起一本书,对克里斯汀语道)若你真喜欢数学,这里有本书,你倒是可以先看看。

克里斯汀　(接过书,读道)《谈谈正确引导理性在各门科学中寻求真理的方法论》,1637 年,笛卡儿著。

笛卡儿　这《方法论》一书中收藏有三个附录,即《折光》《气象学》和《几何学》。我的关于数学的一种最为独特而新颖的思想方法就藏在《几何学》中,这种方法,不妨把它叫做代数之应用于几何。

克里斯汀　代数之应用于几何?

笛卡儿　在我看来,古希腊数学家的几何方法过于抽象,比若欧几里得几何学中的每个证明,总要求某种新的奇妙的想法,由于证明过多地依赖图形,它束缚了人们的思想。

克里斯汀　哦?

笛卡儿　　而当下流行的代数,它完全从属于法则和公式,以至于不成其为一门改进智力的科学;(稍停处)至于亚里士多德以来的逻辑学,只能解释已知的东西,却无从创造新的知识……

克里斯汀　原来经典的逻辑学也是不完美的。

笛卡儿　　因此我想找寻到某种别的方法,它将把代数、几何和逻辑学这三方面的优点组合在一起,并去掉它们的缺点。

克里斯汀　那先生……您找到这种方法了么?

笛卡儿　　是的,这就是"将代数应用于几何"。正是借助于这一新颖的方法,我得以完美地解决了古代流传下来的最难解的问题之一——帕普斯轨迹问题。

克里斯汀　帕普斯轨迹问题?

笛卡儿　　早在公元前 3 世纪,古希腊几何学家阿波罗尼奥斯即提出这类问题。在其600 年后,数学家帕普斯重新唤起人们对这个问题的热情。尽管帕普斯和后来的很多数学家做了大量工作,但还是没有人能彻底解决它……

克里斯汀　那么,笛卡儿先生。帕普斯轨迹问题到底说了些什么?

笛卡儿　　这个问题啊,说的是,如果从平面中的某一点出发,引出线段与四条(或者更多条)给定的直线在平面中相交并成预定的角度,如果第一、三条线段长的积与第二、四条线段长的积的比是一常数,那么此问题中点的轨迹会是什么曲线?

克里斯汀　笛卡儿先生,那如果我想学习您发明的这门奇妙的学问——《几何学》,是否可以从这个著名的"帕普斯问题"开始?

笛卡儿　　或许……这会是一个不错的选择!

　　　　　〔灯暗处,两人下。有旁白出。

旁　白　　话说在笛卡儿的引领下,克里斯汀走进了奇妙的坐标与解析几何的世界,她对曲线和方程的故事着了迷。每天的形影不离也使他们彼此产生了爱慕之心。在瑞典——这个浪漫的国度里,一段纯粹、美好的爱情悄然萌发。

可惜没过多久，他们的恋情传到了国王的耳朵里。愤怒的国王下令将笛卡儿处死。在克里斯汀的苦苦哀求下，国王最终将他放逐回法国，公主则被软禁在宫中。

[随后 PPT 上出现如下的字幕。

> 时间：17 世纪 50 年代
> 地点：瑞典皇宫一隅
> 人物：瑞典国王，王后和公主克里斯汀

［灯亮处，舞台的一边（在公主的卧室），是闷闷不乐的瑞典公主克里斯汀，请听她的心声。

克里斯汀　笛卡儿先生。喔，我的笛卡儿先生！此时此刻，你在哪里呢？（稍停后，对着底下的舞台，她呼唤道）

克里斯汀　此时此刻，你是否又流浪在哪个城市的街头？此时此刻的你，流浪在哲学与数学的哪个角落？（稍停里）

［灯光转向舞台的另一边——那是皇室客厅，王后看似在焦急地等待着国王回来。

［国王从舞台的一边上（手里拿着一封信），王后迎上前去。

王　后　（对着克里斯汀所在的卧室，叹了口气）亲爱的陛下，你终于回来了。你看，都过去这么多天了，我们的女儿可还是这般闷闷不乐。照此下去，这可如何是好？

国　王　知道，知道。可是，这又有什么办法呢。我们的女儿，和那位勒内·笛……笛什么……

王　后　笛卡儿。

国　王　嗯，勒内·笛卡儿。我们的女儿，和那位笛卡儿先生之间是没有可能的。

王　后　他们俩当然是不可能的。我们的女儿，可是未来的王位继承人，她不可能嫁给一位流浪者。哪怕，哪怕他是一位伟大的哲学家和数学家。

［灯光再回到公主的卧室。

克里斯汀	亲爱的笛卡儿先生,我们之间真的存在爱情么?您是一位随处流浪的哲学家和数学家,可我,是一位高贵的公主。又何况,在我们俩之间,有着 34 岁这样一个巨大的年龄差距?(她悠悠地叹息着,再语道)
克里斯汀	天下所有人都不会相信我们俩之间真的存在爱情,可是,我的傻傻的、爱情白痴的母后和父王竟然⋯⋯天真地以为我们俩之间存在爱情?! 不管如何,亲爱的笛卡儿先生,我是爱慕您的,我爱慕您的才华,爱慕您的哲学的诗和数学的远方⋯⋯
克里斯汀	这么多天了,为何不见您给我写信?哪怕有那只字片言,聊聊奇妙的数学天地,聊聊代数与几何也好⋯⋯哎,此时此刻,您究竟在哪里呢?

〔灯光再回到皇室客厅。

国　王	是的。可是,这位叫做笛卡儿的"无知"的哲学先生,他竟然给我们的女儿写了这么多封信——嗯,我想至少有 12 封信之多。
王　后	12 封? 竟有这么多⋯⋯
国　王	当然,这些信毫无例外的,都被我销毁了。
王　后	都被陛下您销毁了?
国　王	是的。(扬了扬手中的信)这不,这里又新来了一封信。(他把手中的信递给了王后)
王　后	(接过国王递过的信,打开看了看)真奇怪,这封信可是什么文字都没有。除了这上面有一个莫名其妙的式子。
国　王	是的,这封信确实奇怪。让人不明所以。为此我找遍了全城的数学家,但所有人都表示看不懂这个⋯⋯莫名其妙的算术式子。
王　后	喔,是么? 那要不⋯⋯我们就把这封信交给我们的女儿吧。
国　王	(和王后的眼神对视后,点头道)也好。
王　后	(朝着卧室喊道)克里斯汀,克里斯汀! 这里有你的一封信。这信封来自笛卡儿先生!

〔舞台的一边,卧室的门忽然开启。克里斯汀从里面冲出,大声道。

克里斯汀　是么？是么……母后，我的信在哪里？

王　后　（扬了扬手中的信）那你先答应母后，以后不许再闷闷不乐，母后就把信给你。

克里斯汀　好的，母后！

［王后给了她的女儿这一封信。

克里斯汀　谢谢母后，（又向国王鞠了鞠躬）谢谢父王！

［她转身跑进了她的卧室，国王和王后两人相视一笑。

王　后　这孩子。（随后和国王一道下）

　　　　　［以下或可以是一段哑剧：

　　　　　舞台的一边，灯光里，（经由PPT的展示与呈现）克里斯汀打开了那封奇怪的信，这一封信上没有写一句话，只有一个方程：$\rho = 1 - \sin\theta$。

　　　　　沉思处，克里斯汀欣喜若狂，她终于明白了笛卡儿的意图。她随之放下手中的信，找来了纸和笔，着手描绘这一方程的图形。

　　　　　伴随她手中的笔触，一颗美丽的心形图案出现在她（和观众们的）眼前，克里斯汀不禁流下感动的泪水，这条曲线就是著名的"心形线"。

　　　　　PPT上动态呈现 $\rho = 1 - \sin\theta$ 的图形（右图）。

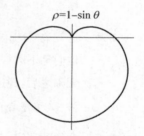

　　　　　［灯暗处，众人下。有旁白出。

旁　白　国王去世后，克里斯汀继承王位，登基后，她便立刻派人去法国寻找心上人的下落，收到的却是笛卡儿去世的消息，数学科学的史册上，因此留下了一段永远的遗憾……那封享誉世界的另类情书，至今，还保存在欧洲笛卡儿的纪念馆里。

　　　　　［随后PPT上出现如下的字幕。

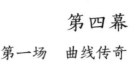

第四幕

第一场　曲线传奇

> **时间：** 2019 年某日
> **地点：** M 中学某一教室里
> **人物：** Y 老师,费玛等同学

⌈灯亮处,舞台上呈现的是《曲线传奇》课上的一幕场景。

Y 老师　正如我们在以前的数学课上谈到的,解析几何的诞生可谓是人类文明史上一个伟大的里程碑。由此有了变量数学,由此有了微积分,由此有了现代数学和现代文明的方方面面。

⌈他在黑板上(经由 PPT 展现数学家画像)写下笛卡儿和费马两个人的名字,续道。

Y 老师　这一数学的荣耀当归功于 17 世纪的两位法国数学家,笛卡儿和费马。不过,他们笔下的解析几何,与今天我们所学的解析几何有许多不同之处。在两位大师之后,经过两个世纪的发展,解析几何才逐渐成为一门成熟、完善的学科。(稍停后)

Y 老师　曲线的研究,是解析几何的主旋律之一。

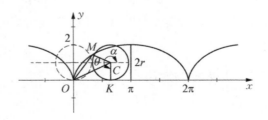

Y 老师　在前两次课上,我们讲了曲线与参数方程。我们知道,有许多曲线——借助于参数方程,可以有着比较简单的表达形式。(指着上述 PPT 上的图形)比如摆线——当一个圆沿着一直线缓缓地滚动,圆上一定点 M 所画出的轨

迹——它的参数方程就是

$$\begin{cases} x = r(\theta - \sin\theta), \\ y = r(1 - \cos\theta), \end{cases} \theta \text{ 为参数。}$$

如图所示,这就是拱高为 $2r$ 的摆线的参数方程。当 θ 从 0 到 2π 变化时,动点 $M(x,y)$ 描绘出摆线的一拱。如此循环往复。

Y 老师　今天,《曲线传奇》将迎来一个新的主题。为此,让我们先来看看一枚比较具有数学浪漫色彩的曲线:

〔他随后点击了一下鼠标,PPT 上(画)出现了一个心形线,如右图。

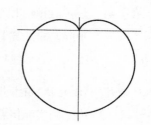

〔底下有许多同学笑了,隐约有一些窃窃私语声响起。

同学 I　老师,这可是一条心形曲线呢。

同学 II　老师,这曲线真美啊!

Y 老师　是的,这是一枚独特而美丽的爱心曲线。不知底下在座的同学们,你们有谁知道它具有什么样的曲线方程?

〔在 Y 老师的目光里,有的同学在摇头,有的同学在沉思。

Y 老师　(笑了笑道)一般说来,给定一条曲线,写出它的方程——这是一个超级难的问题。因为我们首先得知道,这曲线——它是怎么来的?

〔当此时,费玛的声音从人群中响起。

费　玛　老师,我知道。

〔Y 老师的目光(有点好奇地)转向费玛。

Y 老师　(笑道)喔,费玛,你知道(这个曲线的方程)? 你且来说说看。

费　玛　这一奇妙的曲线,具有的曲线方程是: $\rho = 1 - \sin\theta$。

〔掌声首先在 Y 老师的手中响起,随后渐渐在班上响起。

Y 老师　是的,同学们,费玛说对了。(他在黑板上——也即是 PPT 上写下: $\rho = a(1 - \sin\theta)$,接着语道)在极坐标的模式下,心形线具有(指着 PPT 上)形如上的方程。(他的目光又转向费玛)可是费玛,你又是怎么知道的呢?

费　玛　(有点不好意思地)是……是因为一部三幕数学话剧。

［课上有许多同学笑了。

Υ老师　(有点好奇地)一部三幕数学话剧?

费　玛　是啊,老师,上个星期我去看了一位同学的朋友编导的话剧《当数学遇见浪漫》,说的是笛卡儿与瑞典公主的爱情故事,那部话剧里就有这一奇妙的曲线——心形线!

Υ老师　(迷惑地)笛卡儿……心形线的故事?哈哈,原来如此。说到这心形线,在网络上确实流传着一个关于笛卡儿与瑞典公主的爱情故事。不过,这段故事并不是真的。

费　玛　啊,这样的一段浪漫感人的故事竟然不是真的?

Υ老师　是的。这曲爱情故事有诸多疑点,且不说故事记载的 1650 年,克里斯蒂娜公主已贵为女王,她的父王早已在 20 多年前驾崩。心形线在西方被叫做 Cardioid,这个词最先出现在意大利数学家卡斯蒂隆(de Castillon)1741 年的一篇论文里,那时,距离笛卡儿逝世已近一个世纪。

费　玛　(喃喃道)原来那个话剧故事并不是真的,甚至笛卡儿或许也不知心形线为何物……

同学Ⅱ　老师,有点好奇,这心形线是怎么来的……它是否如摆线,也是某个动点的轨迹所形成的曲线?

Υ老师　对极了!(经由 PPT 动态呈现)当一个圆沿着另一半径相同的圆滚动时,圆上一定点 M 所画出的轨迹即是一心形线。

［看着 PPT 动态呈现的心形线,同学们似有惊叹声。

同学Ⅲ　真有趣!

同学Ⅰ　真有意思!

费　玛　老师,我觉得……心形线和摆线之间好像有些奇妙的联系!

Υ老师　喔?说说看——

费　玛　您看,它们都是圆上一定点 M 所画出的轨迹,只不过摆线是当一个圆沿着直线滚动时,而心形线是当一个圆沿着另一个圆滚动时……

丫老师　是的。正是这样!

费　玛　真神奇!

众　人　真是耶!

丫老师　(转过身,在黑板上(PPT 上)写下"曲线与极坐标方程")好的。让我们回到今日课堂的主题:曲线与它的极坐标方程。犹如心形线,有许多奇妙的曲线,它们在极坐标模式下,具有极为简洁的表现形式。

同学 Ⅱ　老师,我知道有一种奇妙的曲线叫做对数螺线,它常常出现在自然界中。

丫老师　是的,对数螺线是一类非常奇妙的曲线。它的极坐标方程是: $\rho = a\mathrm{e}^{b\theta}$ 。

(他转身在黑板上(经由 PPT)写下,对数螺线: $\rho = a\mathrm{e}^{b\theta}$,续道)古往今来,有许多数学家曾经研究过对数螺线。有一曲最为人们津津乐道的数学轶事说的是,17 世纪有一位数学家雅各布·伯努利醉心于这一曲线的研究,在得到关于对数螺线的许多性质后,他不由惊叹和欣赏这种曲线的神奇,竟要求后人将对数螺线刻在自己的墓碑上,并附以颂词"纵然变化,依然故我"(Eadem mutata resurgo)……可是,雕刻师错将"冯京"当"马凉",误将阿基米德螺线刻到了他的墓碑上了,哈哈。

〔底下只有零星的笑声。

同学 Ⅰ　老师,这阿基米德螺线又是什么曲线?

丫老师　阿基米德螺线啊,当然与最有传奇色彩的数学家阿基米德有关。

同学 Ⅱ　阿基米德,那可是"数学之神"呢!

同学 Ⅲ　老师,阿基米德螺线是不是……可由一动点沿着什么曲线产生的轨迹?

丫老师　是的。若有一直线 l 绕着其上面一点 O 匀速旋转,同时 l 上一个动点 M 沿着 l 作匀速直线运动,那么 M 的轨迹就是阿基米德螺线。(随后,经由 PPT 来呈现这一奇妙的曲线)

丫老师　同学们,你们知道么,在极坐标 (ρ, θ) 下,阿基米德螺线具有如此简洁的形式: $\rho = a\theta + b$ 。

同学 I　老师，那……阿基米德螺线是阿基米德发现的么？

Y 老师　这个问题可有点复杂。这曲线或许不是阿基米德最先发现的。话说在阿基
　　　　米德之前，他的一位数学家朋友就研究过这类曲线。其后阿基米德进一步研
　　　　究，并发现了许多重要性质，因此该螺线就与阿基米德的名字联系在一起了。

费　玛　原来是这样。这里的数学故事还真是别有洞天呵。

Y 老师　同学们，你们或许想不到，阿基米德螺线还和著名的古希腊三大几何问题相
　　　　关呢。嗯，在数学的传奇之旅里，有许多奇妙的曲线，它们都连接着这三大数
　　　　学难题……这让我想起一曲有趣的话剧故事，尽管它还有待最后完工……

　　　　［灯暗处，众人下。随后 PPT 上出现如下的字幕。

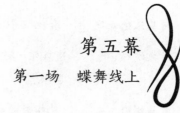

第五幕

第一场　蝶舞线上

时间：**17—21 世纪**

地点：**极坐标的星空**

人物：**阿基米德螺线，费马螺线，对数螺线**

[一些奇妙的曲线：

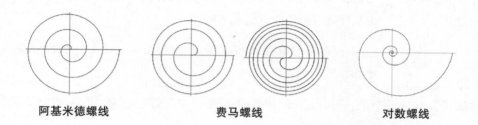

阿基米德螺线　　　　　　　费马螺线　　　　　　　对数螺线

[灯亮处，舞台上有费马螺线和对数螺线看似在玩耍。阿基米德螺线由舞台的一边上。

阿基米德螺线　　你们好！我迷路了。请问你们知道蝶形线的家怎么走吗？

费马螺线　　蝶形线的家？（抬头处，看着阿基米德螺线）咦，你是谁呀？

对数螺线　　是啊，你是谁呀……

阿基米德螺线　　我是阿基米德螺线！

费马螺线　　阿基米德螺线？

阿基米德螺线　　是的，你可以在阿基米德先生的著作《螺线》中找到我，并得到许多关于形如"我"这样曲线的重要性质。不过在此之前，已经有学者研究过我这样的曲线。

对数螺线　　喔……原来如此！

费马螺线　　（伸出友情之手）我是费马螺线。很高兴见到你！

阿基米德螺线	(和他握手)费马?
对数螺线	皮埃尔·德·费马,那可是我们这个时代——17世纪最伟大的数学家之一。正是他最先发现了费马螺线。
费马螺线	(他指着对数螺线)这位是对数螺线……他可是一位谱写大自然秘密的高手呵。
阿基米德螺线	久仰,久仰!
对数螺线	很高兴在此见到你!
费马螺线	阿基米德螺线,你为何会来到这里?
阿基米德螺线	为何会来到这里?喔,我在数学的回音壁上听到蝶形线的回声,我想找到她。你们知道她在哪里么?
	[费马螺线与对数螺线摇了摇头,相顾无语。过了一会儿,对数螺线道。
对数螺线	对了,我们去问问神奇的"极坐标的数学魔镜"吧,或许,他知道蝶形线的家在哪里?
费马螺线	对呀对呀,我也有问题想问问他呢。
对数螺线	那,一道走吧。
	[开篇曲:灯暗处,又亮起,三位螺线出现在"极坐标的星空"前——可经由PPT展示和呈现。
费马螺线	原来在极坐标的魔镜里,我具有 $\rho^2 = a^2\theta$ 这样的形式!
对数螺线	和费马螺线有点不一样的是,这里我的表现形式是 $\rho = ae^{b\theta}$!
阿基米德螺线	还是我的表现形式最简单,$\rho = a\theta + b$,那是我!
	[PPT里"极坐标"声音响起:孩子们,欢迎来到"极坐标的星空",我能帮你们做点什么呢?
费马螺线	魔镜先生,您知道蝶形线的家在哪里么?
	[来自PPT上"极坐标"的声音和动画:蝶形线的家?这……这我得想想。

对数螺线	魔镜先生,帮帮我们吧,阿基米德螺线在数学的回音壁上听到蝶形线的传声,他想找到她。
阿基米德螺线	是啊,魔镜先生,帮帮我们吧。
	[PPT上"极坐标"的声音和动画:孩子们,别着急。借助时间的力量,我们会找到她的。
费马螺线	魔镜先生,那我们输入一个时间吧。(他输入时间的跨度是 17—18世纪)
	[PPT上"极坐标"的声音和动画:在我的数学记忆里,曾遇见许多奇妙的曲线。比如富含浪漫传说的心形线具有 $\rho=1-\sin\theta$ 的形式;还有一类奇妙的曲线叫做卡帕曲线 $\rho=\cot\theta$,因为其形状像极了一个希腊字母 κ。这类曲线首次出现在数学家斯吕塞和惠更斯的通信中……可是,蝶形线在哪里呢?
对数螺线	魔镜先生,要不我们再输入一个时间看看吧。(他输入时间的跨度是 18—20世纪)
	[PPT上"极坐标"的声音和动画:意大利数学家格兰迪曾发现了一种像花朵一样美丽的曲线,叫做玫瑰线。在 1713 年写给德国数学家莱布尼茨的信中,他用数学语言描述了这种曲线:$\rho=a\sin b\theta$……可是,蝶形线在哪里呢?
阿基米德螺线	魔镜先生,我们再输入一个时间看看吧。(他输入时间的跨度是 20—21世纪)
	[PPT上"极坐标"出现如下的动画和声音:

[阿基米德螺线,原来你真的可以找到我!我的方程式可是有点复杂哦,

$$\rho = e^{\cos\theta} - 2\cos 4\theta + \sin^5(\theta/12)。$$

这是 1989 年由南密西西比大学的费伊先生发现的,是不是很美很漂亮啊?!

阿基米德螺线　蝶形线,见到你真高兴! 可是,你在数学的回音壁上都说了点什么呢?

蝶形线　我呀,只是如此好奇于这样一个问题,为何借助于阿基米德螺线的力量,数学家们可以愉快地解决"任意三等分角"问题和"化圆为方"问题呢? 还有,想问问费马螺线的是,费马先生为何会想到研究费马螺线呢?

费马螺线　啊呀,可是这也是我的问题呢,费马先生为何会想到研究费马螺线呢?

〔舞台上,灯暗处,众人下。随后 PPT 上出现如下的字幕。

> 时间：2019 年 12 月
> 地点：M 中学校园一隅
> 人物：费玛，欧若拉

[灯亮处，舞台上出现有费玛、欧若拉两人的身影。两人看似百无聊赖，漫步在校园一隅。

费　玛　欧若拉，你觉得……我们上个星期看的那个话剧怎么样？

欧若拉　话剧？

费　玛　那个你……小学同学梅之声的那部三幕剧：《当数学遇见浪漫》。

欧若拉　哦？那部小小的数学话剧呀。笛卡儿和瑞典公主的爱情故事……真的挺美的！我都感动得哭了呢！（稍停处）喔？我说……费玛，你怎么忽然对梅之声的那话剧感兴趣了？

费　玛　说实在的，那晚看话剧时，我也挺感动的。觉得那话剧里富含数学与爱的传奇！……不过，据我这几天的考证，这曲笛卡儿与瑞典公主的爱情故事，100％不是真的。

欧若拉　不是真的？如此凄美的爱情故事，怎么可能不是真的？

费　玛　是啊，因为太美丽，所以不真。这不是常有的事么?！况且，我已找到了好多证据。

欧若拉　证据？好啊。你倒是说说看——

费　玛　让我们回到网络上流传的这一故事——它说的是 1650 年，52 岁的笛卡儿与 18 岁的克里斯汀公主相遇。

欧若拉　是啊。

费　玛　可是，据历史记载，瑞典公主——克里斯汀出生在 1626 年，那么，那年她应该不是 18 岁,而是 24 岁。(稍停后)而且,这位公主的父王——被称为"现代战争之父"的古斯塔夫·阿道夫二世也早在 1632 年驾崩。

欧若拉 哦……是么?

费　玛 那么,既然话剧故事中的国王早已不复存在,又何来"棒打鸳鸯"的凄美爱情故事呢。这是其一。

欧若拉 嗯。你说的倒是在理。

费　玛 不过,如果非要说笛卡儿与公主之间的爱情,最有可能的,要数另一位叫伊丽莎白的普鲁士公主。

欧若拉 伊丽莎白……普鲁士公主?

费　玛 据历史记载,这位普鲁士公主自幼就聪颖过人,除了精通六国语言之外,她对数学、天文学和物理学等诸多学科也很有兴趣……

欧若拉 这位公主真是天才!

费　玛 是的。非凡天才,她还研究音乐、绘画呢!

欧若拉 那……这位天才的伊丽莎白公主与笛卡儿之间……

费　玛 公主她和笛卡儿之间倒是有十余年的相关哲学的通信往来,不过,却未找到两人爱情方面的记载。

欧若拉 这里就没有点八卦的可能?

费　玛 只听说,当年抑郁的伊丽莎白公主生病时,笛卡儿曾专门为公主写了一本书——叫做《论灵魂的激情》……

欧若拉 《论灵魂的激情》?

费　玛 在这部书里,笛卡儿系统地以自己的理论来解释人的情感。他希望伊丽莎白公主可以理性地看待情感,来抵御外界的精神压力。

欧若拉 这哲学家和公主的故事真是一波多折。

费　玛 说到这个话剧故事不是真的,一个最大的理由是,有如 Y 老师在课上所说……

欧若拉 怎么……连 Y 老师在课上也说到过这个故事?

费　玛　　是啊。老师在《曲线传奇》的数学拓展课上说起，心形线并不是笛卡儿发现的，而是一位意大利数学家和天文学家发现的，它最先出现在他的一篇论文里。

欧若拉　啊……心形线并不是笛卡儿发现的？

费　玛　　那位数学家论文发表的时间是1741年，距离笛卡儿逝世已近一个世纪。

欧若拉　那笛卡儿与公主？……真希望这一如此美丽的爱情故事，它是真的。恰如在中国，梁山伯与祝英台的故事传说，想想多么感人！

费　玛　　《梁祝》在中国家喻户晓，在民间流传千年，被誉为千古绝唱。从古到今，不知有多少人为之神往和感动呢！

欧若拉　听说据专家考证，在历史上真有其事呢。

费　玛　　也许吧。不过，在梁祝爱情故事的最后，"化蝶"的传说，肯定不是真的。

欧若拉　传说就是传说，当然不必全是真的。再说，"化蝶"的结局，体现了爱情的伟大力量，体现了人们对美好事物的执着追求。不是也很美么？

费　玛　　这倒是。

　　　　　〔舞台上，一段时间——那是几秒钟的静默，然后

费　玛　　欧若拉，说到"化蝶"的传说，让我想起，数学上有一个有趣的定理——叫做"蝴蝶定理"。

欧若拉　蝴蝶定理？是的，记得在初中的课外拓展课上，我们学过这样一个很有意思的定理，说的是……嗯，这定理涉及圆上有三弦相交于一点，可形成一个美丽的蝴蝶形状。

费　玛　　最近，借助于解析几何的方法，我证明了这一经典的"蝴蝶定理"。

欧若拉　解析几何的方法？

费　玛　　是的，解几的方法。不单如此，借助于解析几何的方法，还可以证明在椭圆、双曲线和抛物线模式下的"蝴蝶定理"。

欧若拉　椭圆、双曲线和抛物线模式下的"蝴蝶定理"？

费　玛　　是啊。这可以让我们相信，解析几何的力量，就在那里……不过……

欧若拉　不过什么?

费　玛　当我试着用解析几何的方法来证明"帕斯卡定理"时,我遇到了意想不到的困难。

欧若拉　喔,帕斯卡定理? 这个定理都说了点什么啊……

〔舞台上,灯暗处,两人下。随后PPT上出现如下的字幕。

第二场　射影几何的天空

［灯亮处，舞台上出现有Y老师的身影，以及教室里放映着的PPT画面。

Y老师　同学们，在《曲线传奇》这一拓展课堂的尾声，让我们一道来阅读一个很有趣的谜题。（随后PPT上出现如图所示的图画和定理）

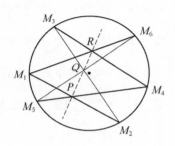

帕斯卡定理　设 M_1，M_2，$\cdots$，M_6 是圆上的6点，已知 M_1M_2 和 M_4M_5 相交于一点 P，M_2M_3 和 M_5M_6 相交于一点 Q，M_3M_4 和 M_6M_1 相交于一点 R。则 P、Q、R 三点共线。

Y老师　（清了清嗓音，道）"内接于圆的六边形的三组对边的交点在同一直线上。"这个定理源自一位天才的数学家，帕斯卡——布莱士·帕斯卡（Blaise Pascal）。据说这是帕斯卡在十六岁那年所发现的一个定理——这一绝妙的定理现以"帕斯卡定理"著称。

［在众同学的惊叹声里。

同学Ⅱ　十六岁，即可发现这样一个奇妙的定理，帕斯卡真是天才少年呵！

同学Ⅲ　十六岁，那可是比我们还小呢！

同学Ⅰ　是呵！是呵！

Y老师　在帕斯卡生活的那个时代，17世纪上半叶，解析几何还未成为一门成熟的学科。因此这位数学天才所知道的知识，可能比你们还少得多……

同学Ⅱ　那么，老师，他又是怎么发现，并证明这个定理的呢？

同学Ⅲ　是啊,老师,他是如何证明这个看似极不简单的定理的呢?

同学Ⅰ　老师,我们可是都好奇得很呵!

Y老师　好了,同学们,请借助于你们的数学智慧和解析几何的力量,来证明它哈!这是我们这一门课留给大家的最后的"数学礼物",也是我们最后的那一项神奇的 Homework!加油吧!少年!下课!

　　　　〔听,同学们的掌声响起。班长的起立声落,同学们起立,随后大家陆续离开。

　　　　〔舞台上,只剩下整理着教材笔记的 Y 老师,还有欲言未开的费玛。

费　玛　(来到讲台边上)老师!

Y老师　哦,费玛,有什么问题么?

费　玛　是的,老师,我想问您一个问题。

Y老师　(放下手中的书卷)好的,你说!

费　玛　(指着 PPT 上的这个问题)老师,这个定理真的能用解析几何方法来证明么?

Y老师　试试看吧。

费　玛　可是,老师,我已经花了三个星期的时间……试着来证明这个定理!

Y老师　喔,是么?

费　玛　遗憾的是,我依然还是无法证明它。因此我想,这个谜题,它的解答或许并不在解析几何的范畴里。

　　　　〔Y 老师微笑着看着她。

费　玛　在过去的这一个多月的时间里,通过解析几何的方法,我证明了许多定理——各种形式下的蝴蝶定理,著名的笛沙格定理……可就是偏偏证明不出黑板上的这个帕斯卡定理。

Y老师　(脸上的笑意更浓,他终于道)费玛,好样的……或许,如你所说,帕斯卡定理的证明,并不在"解析几何的能力之范围里"。其实,我也没有"遇见"它的解析几何证明。就连我,也无法用解析几何的方法来完成这一定理的证明。

费　玛　连您也不知道它的证明?

Y 老师　是的,我一直在找寻它的解析几何证明。

费　玛　那……

Y 老师　不过,若借助于一门全新的学问——射影几何学,你可以用一种很简单的方法来完成它的证明。你不单可以证明帕斯卡定理,也可以用一种最统一的模式来证明你刚才谈到的笛沙格定理、蝴蝶定理等等。

费　玛　射影几何学? 老师,真的有这样一门神奇的学问和方法么?

Y 老师　是的。射影几何学的星空……闪烁着一个不同于解析几何学的新世界。是的,那是一个绝对神奇的数学所在。你若有兴趣……(他伸出手,笑道)费玛,欢迎你明年来上我们的数学拓展课《曲线传奇 II》!……

费　玛　(微笑着和 Y 老师握手)好的,老师。一言为定哈!

　　　　〔舞台上,灯暗处,众人下。有旁白出。

旁　白　解析几何的诞生,在人类文明史上有着里程碑的意义。由笛卡儿和费马开创的解析几何,不单将代数与几何相联姻,创造了数学科学的全新视角,亦为微积分发展所需要的变量数学提供了不可或缺的舞台。解析几何使代数和几何融合为一体,实现了几何图形的数字化,奏响了数字化时代的先声;经由代数和几何的相互转化,数学家们得以摆脱现实的束缚,探索更深层次的概念,从三维空间进入高维空间,从现实世界走向抽象世界,解析几何为我们打开了一扇通往全新数学科学世界的大门……

《曲线传奇》注释角

《曲线传奇》的话剧主题是关于"解析几何的诞生"。在数学科学史上,解析几何的诞生具有里程碑的意义。它使得原先以常量为主导的数学转变为以变量为主导的数学,从而为微积分的创立搭起数学舞台;解析几何使代数和几何融合为一体,实现了几何图形的数字化,奏响了数字化时代的先声;经由代数和几何的相互转化,数学家们得以摆脱现实的束缚,探索更深层次的概念,从三维空间进入高维空间,从现实世界走向抽象世界,解析几何为我们打开了一扇通往全新数学科学世界的大门。

1. 解析几何的诞生

近代数学本质上可以说是变量数学。文艺复兴以来资本主义生产力的发展,对科学技术提出了全新的要求。到 16 世纪,对运动与变化的研究已成为自然科学的中心问题。这迫切需要一种新的数学工具,从而迎来了变量数学亦即近代数学的诞生。

变量数学的第一个里程碑是解析几何的发明。有别于传统的欧氏几何,解析几何将数与形有机地结合起来,取长补短,进而形成一门新的学科。它的基本思想在于引进"坐标"的概念,由此将平面上的点和有序实数对之间建立起一一对应关系。以这种方式可以将一个代数方程与平面上一条曲线对应起来,于是几何问题便可归结为代数问题来求解,反过来,又可通过代数问题的研究来发现新的几何结果。

解析几何的历史或可划分为三个阶段:第一阶段是两条坐标轴的引入,第二阶段是基于横、纵坐标的曲线作图,第三阶段是关于横、纵坐标的方程的建立。古希腊数学家阿波罗尼奥斯(Apollonius of Perga,约公元前 262—190 年)的工作已经达到了第一阶段。在讨论圆锥曲线的某些性质时,阿波罗尼奥斯往往选择圆锥曲线的直径作为一条参照线,以圆锥曲线在直径的一个端点处的切线作为另一条参照线,两条参照线即相当于今天所说的"坐标轴",不过不一定相互垂直。解析几何最重要的先驱者,14世纪的法国数学家奥雷姆(Nicole Oresme,1323—1382)的工作则达到了解析几何历史上的第二阶段。他的研究已接触到函数的图像表示,奥雷姆首次采用几何图形来表示运动:取一横线(他称之为"经线"),其上的点表示时刻,一端在横线上的竖直线段

（他称之为"纬线"）表示每一时刻的速度,随着时间的变化,竖直线段的另一端点形成一条直线或曲线,其下的面积表示运动物体所经过的距离。尽管奥雷姆给出一个变量依赖于另一个变量变化规律的几何表示,但他并没有建立代数与几何之间的联系,即他的工作还没有真正达到解析几何历史上最为关键的第三阶段。第三阶段的工作乃是在近三个世纪后由法国数学家费马和笛卡儿完成的。他们工作的出发点不同,却殊途而同归。

（1）费马与解析几何

话说在 17 世纪 20 年代,费马（Pierre de Fermat）在图卢斯大学毕业后,在波尔多师从韦达（François Viète, 1540—1603）的弟子们学了好几年数学,熟悉了韦达的符号代数学。在那里,他研读了古希腊数学家帕普斯（Pappus, 3 世纪末）的数学著作,从中了解到阿波罗尼奥斯已经失传的《平面轨迹》和帕普斯的"n 线轨迹"（$n \geqslant 3$）问题,并对《平面轨迹》一书作了复原。费马发现,阿波罗尼奥斯和另一位古希腊数学家、写过《立体轨迹》一书的阿里斯泰乌斯（Aristaeus,公元前 4 世纪）并没有解决轨迹问题的一般方法。他将韦达的代数方法用于阿波罗尼奥斯的轨迹定理,从而产生了解析几何思想。约完成于 1629 年的《平面与立体轨迹引论》集中反映了这种思想。

在《平面与立体轨迹引论》中,费马写道:

"在最后的方程中出现两个未知量时,我们就得到一个轨迹,其中一个未知量的末端画出了一条直线或曲线。"

这就是说,用代数方法解几何问题时,最后得到含两个未知量的方程,则所得结果表示一轨迹（直线或曲线）。

因此,费马以研究古希腊轨迹问题为目的,以韦达的符号代数为工具,通过建立只含一条轴（用以度量第一个未知量 x）的坐标系（用于度量第二个未知量 y 的线段与坐标轴不一定垂直）,将二元代数方程与几何曲线对应起来,成了解析几何的发明者。较之阿波罗尼奥斯和奥雷姆,费马的创新之处不仅在于建立起平面和立体轨迹的代数方程,更重要的是,他能反过来从方程出发,研究在给定坐标系下的点的轨迹——曲线。费马明确指出,不超过二次的二元代数方程表示平面轨迹（直线和圆）或立体轨迹（圆锥曲线）;直线只有一类,而曲线有无限多类。但费马止步于立体轨迹,没有进一步研究更高次的曲线,因而没有进一步去解决帕普斯的"n 线轨迹"问题。

1636 年,费马把他的两篇数学手稿寄给了数学家梅森（Marin Mersenne）,由此他关于解析几何的工作被法国巴黎的一些数学家所知,并得到传播。差不多在那个时间,费马发现,在他自己的国家里,另一位哲学家几乎和他同时,也阐明了解析几何的思想,并运用这一新方法解决了帕普斯问题。那位先生名叫笛卡儿。

（2）笛卡儿与解析几何

虽然费马的《平面与立体轨迹引论》在笛卡儿的《几何学》(1637)出版之前已经为巴黎数学界所知,但直到 1679 年才得以正式出版,此时距原书成稿已有半个世纪! 而笛卡儿的著作则通过荷兰数学家舒腾(F. van Schooten, 1615—1660)的拉丁文版产生广泛的影响,因而数学家往往把笛卡儿的名字和解析几何的创立者相联系。"笛卡儿几何"因此成了解析几何的代名词,笛卡儿成了当时世人所知的解析几何唯一的发明者。经过后世数学史家的研究,费马的工作才得到人们的普遍承认。今天,人们都知道,费马和笛卡儿曾经独立地发明了解析几何。

尽管如此,我们无法否认,解析几何作为数学的新分支,其诞生和发展却是主要源于笛卡儿著作的影响。

1637 年,笛卡儿出版了著名的哲学著作《方法论》,该书有三个附录,《几何学》是其中之一,解析几何的发明就在这篇附录中。《几何学》有 100 多页,本身又可分为三部分。第一部分包括对一些代数式几何的原则的解释,比古希腊时期的数学家有明显进展。《几何学》的第二部分论及一种现已过时的曲线分类,以及作曲线的切线的有趣方法。第三部分则涉及高于二次的代数方程。

笛卡儿解析几何的出发点是一个著名的古希腊数学问题:帕普斯问题。《几何学》一书其目的是研究代数方程的根的几何作图,这也是韦达的目的。可以说,笛卡儿的工作是韦达,甚至更早的波斯数学家奥马尔·海娅姆(Omar Khayyam, 1048—1122)的工作的延续。

早在 1631 年,笛卡儿就开始关注帕普斯的三线和四线问题了。在《几何学》中,严格意义上的解析几何思想出现在接下来的对帕普斯轨迹问题的讨论之中。在卷 1 和卷 2 中,笛卡儿解决了四线轨迹问题。接着还讨论了五线轨迹问题的特殊情形。韦达感兴趣的只是适定方程的根的作图,而笛卡儿则将韦达的方法推广到二元不定方程,从而导致解析几何的诞生。

在《几何学》中,笛卡儿没有给出一般五线以及五线以上问题的解,但他对四线问题的解法不失一般性。笛卡儿的解析几何方法解决了古希腊数学家无法驾驭的五线以及五线以上的轨迹难题。

现今的教科书中解析几何主要涉及 4 个主题:一是推导轨迹的方程;二是研究一次和二次方程所表示的曲线;三是求距离、角度和面积等;四是作曲线的图形。笛卡儿强调的是第一个主题,也简略涉及第二个主题;费马强调的是第二个主题,也解决过若干第一个主题中的问题。这两个主题正是解析几何基本原理的两个方面。第三和第四个主题直到 18 世纪才相继得到研究。

值得一提的是，费马和笛卡儿的解析几何与今天的解析几何有许多不同之处，他们只用一条坐标轴，用于度量第二个未知量的线段与坐标轴不一定垂直，坐标只限于正数。在两位大师之后，经过两个世纪的发展，解析几何才逐渐成为一门成熟、完善的学科。

关于更多"解析几何的诞生"的数学故事，可以阅读相关的书籍：《HPM：数学史与数学教育》《笛卡儿几何》《数学史通论》等。

2. 话剧中的科学人物

在《曲线传奇》的话剧故事里，出现有诸多科学人物。下面让我们简单地介绍其中的话剧人物。首先迎来的是笛卡儿和费马，他们都是话剧故事背后的主角。

勒内·笛卡儿

勒内·笛卡儿（Rene Descartes，1596—1650），法国著名的哲学家、数学家。他是 17 世纪的欧洲哲学界和科学界最有影响的巨匠之一。被誉为解析几何之父。

笛卡儿于 1596 年 3 月 31 日出生在法国靠近图尔的拉埃耶，一个古老的贵族家庭。他的父亲是一名地方法院的法官。在笛卡儿出生不久，他的母亲就过世了。父亲做了力所能及的一切以弥补孩子们失去的母爱。一位极好的乳母代替了母亲的位置，再次结婚的父亲一直以关切而明智的眼光注视着他的"小哲学家"，这位小小哲学家总是想知道阳光下万物的本原，以及乳母给他讲的天国的奥秘。笛卡儿并不真是一个早熟的孩子，但是他脆弱的健康状况迫使他把活力用在智力的探索上。

在他 8 岁那年，笛卡儿被送入拉弗莱什的耶稣会学院读书。在这里，他遇见一位慈爱的院长，由于他体弱多病，笛卡儿被特许早晨不必到学校上课，可以在床上读书。从此以后，笛卡儿终生保持着这个习惯，当他想要思考时，他就躺在床上度过他的早晨。后来他回忆在拉弗莱什的读书生活时说，那些在寂静的冥思中度过的漫长而安静的早晨，是他的哲学和数学思想的真正源泉。

在拉弗莱什，笛卡儿接受了传统的文化教育，学习了古典文学、历史、神学、哲学、法学、医学、数学及其他自然科学。但他对所学的东西颇感失望，因为在他看来教科书中那些微妙的论证，其实不过是模棱两可甚至前后矛盾的理论，只能使他顿生怀疑而无从得到确凿的知识，唯一给他安慰的是数学。

1616年前后,笛卡儿彻底厌恶了枯燥无味的研究。他决定去见见世面,从有血有肉的活生生的生活中学习,而不仅从纸张和油墨中学习。他决心游历欧洲各地,在"世界这本大书"中去寻找智慧。

1618年,笛卡儿加入荷兰奥兰治亲王莫里斯的军队,开始了他第一阶段的军人生活。并利用这段空闲时间学习数学,以及收集各种知识,对随处遇见的种种事物注意思考。有这样一段有趣的故事发生在笛卡儿在荷兰当兵期间。

话说在1619年11月10日,圣马丁之夜,军队驻守在多瑙河畔,笛卡儿做了三个生动的梦。这些梦改变了他的全部生活进程。在第一个梦中,笛卡儿梦见自己被邪恶的风从他在教堂或学院的安全居所,吹到风力无法摇撼的第三个场所;在第二个梦中,他发现自己正用不带迷信的科学眼光,观察着凶猛的风暴,他注意到一旦看出风暴是怎么回事,它就不能伤害他了;在第三个梦中,他在朗诵奥索尼厄斯的诗句,"我将遵循什么样的生活道路?……"笛卡儿曾说这些梦境向他揭示了一把魔法钥匙,这把钥匙能打开大自然的宝库,并使他掌握至少是所有科学的真正基础。

那么,这把神奇的钥匙是什么呢?笛卡儿自己似乎没有明确地告诉任何人,但是人们通常认为,这正是代数之应用于几何,简言之,就是解析几何。因此1619年11月10日被公认为解析几何的诞生日。不过,这个方法被公诸于世还需要18年。正如E. T. 贝尔在他的著作《数学大师》中如是说:

"数学应该代表他感谢战神,因为在布拉格的战斗中,没有半粒子弹打掉他的脑袋……而这要归因于笛卡儿的梦所激发的那门科学的进展。"

1621年,笛卡儿回到法国。因为内乱,在1622年,时年26岁的笛卡儿变卖掉父亲留下的资产,开始游历欧洲,其间在意大利住了2年,随后于1625年迁住于巴黎。1628年,笛卡儿移居荷兰,在那里住了20多年。在此期间,笛卡儿对哲学、数学、天文学、物理学、化学和生理学等领域进行了深入的研究,且致力于哲学研究并发表了多部重要的文集,并通过数学家梅森与欧洲主要学者保持密切联系。他的主要著作几乎都是在荷兰完成的。比如有:

1628年,《指导哲理之原则》(Regulae ad directionem ingenii)。

1634年,《论世界》(Le Monde)。书中总结了他在哲学、数学和许多自然科学问题上的一些看法。

1637年,《方法论》(Discours de la Méthode),其中有《几何学》等三个附录。

1641年,《形而上学的沉思》(Meditationes de Prima Philosophia)。

1644年,《哲学原理》(Les Principes de la Philosophie)。

......

经由这些著作的呈现和其思想的传播,笛卡儿成为欧洲最有影响力的哲学家之一。

1650 年 2 月,笛卡儿在瑞典斯德哥尔摩去世。多年后,他的遗骨才回归他的故土法国,被放在法国历史博物馆。人们在他的墓碑上刻下了这样一句话:

"笛卡儿,欧洲文艺复兴以来,第一个为人类争取并保证理性权利的人。"

这里还有一段关于哲学家笛卡儿和星星的对话值得我们来分享:

话说有一次,笛卡儿坐在自己屋前的台阶上,正在凝视着落日后隐约消逝的地平线。一个过路人走近他的身旁,问道:"喂!聪明人,请问,天上有多少颗星星?"

笛卡儿回答道:"蠢人!谁也不能拥抱那无边无际的东西……"

相比笛卡儿富有传奇的人生,费马的生平则显得平淡些。

皮埃尔·德·费马

皮埃尔·德·费马(Pierre de Fermat, 1601—1665)1601 年 8 月 17 日出生于法国南部图卢兹附近的博蒙·德·洛马涅。他的父亲多米尼克·费马是个成功的皮革商人,还是博蒙地区的第二执政官。少年时代的费马曾在当地的圣方济教会学校学习古典语文和文学,然后进入图卢兹大学读书。1631 年,费马在奥尔良大学获得民法学士学位后,花钱在图卢兹法院谋了一个律师的职位。由此他跻身长袍贵族的行列,并在名字里也加上了一个"de"字。1642 年,他进入最高刑事法庭任职。

在他并不忙碌的职业之余,费马尽情地发展他的各种爱好。他掌握多种语言,喜欢用拉丁文、法语和西班牙语作诗,还撰写了不少随笔,讨论拉丁语与希腊文学。不过,在所有这些爱好中,他投入时间最多的,正是心爱的数学。这里的数学故事,可以从那个世纪 20 年代开始,一直到 1665 年 1 月 12 日他去世为止。这些故事汇集为他在数学上众多发现,解析几何、概率论和微积分领域的先驱性工作,当然还有他在数论上的众多贡献。

费马很多重要的数学思想,都是在与其他数学家的通信中提出的。他同笛卡儿一道分享了作为解析几何创立者的荣誉。他发现了一系列的方法,用来计算简单曲线的极大值和极小值,以及切线方程和曲线面积,他的工作导引着牛顿关于微积分的发明。在与布莱士·帕斯卡的信件中,他们俩一道创建概率论。费马曾利用他的极值理论,推出了一条光学定律,即所谓的费马原理。

在费马对数学的众多贡献中,最为重要最为杰出的是他对现代数论的奠基。在这个领域中,费马具有非凡的直觉和能力。最初吸引费马注意数论的,也许是莫若里可(Bachet de Meziriac)1621 年翻译的《算术》——那是古希腊数学家丢番图的著作。在丢番图等古希腊数学家的研究基础上,费马提出了新的问题和结论,最终将经典数论转变为现代数论。与诸多前辈数学家不同的是,费马将他的注意力限定在了自然数的性质以及整系数的方程的整数解上。让我们在此一窥费马在这个领域上的一些贡献。

Ⅰ. 费马小定理:设 p 是一个素数,则对任意整数 a,都有 $p \mid (a^p - a)$。经由同余的语言,我们有 $a^p \equiv a \pmod{p}$。因此,若 $(a, p) = 1$,则有 $a^{p-1} \equiv 1 \pmod{p}$。

这个定理是费马在 1640 年 10 月给他的数学家朋友德·贝西(Bernard Frénicle de Bessy)的信中给出的,不过他没有加以证明。1736 年,数学家欧拉发表了第一个关于费马小定理的证明。

Ⅱ. 费马多边形数定理:每一个正整数,都可以写成三个三角形数之和,四个正方形数(此即平方数)之和,五个正五边形数之和,等等。

这个断言最初出现在费马 1638 年的一些数学作品中,但费马并没有给出证明。三角形数的情形是"数学王子"高斯在 1796 年证明的;平方数的情形是法国数学家拉格朗日(Joseph Louis Comte de Lagrange,1736—1813)在 1770 年证明的;一般的情形则是法国数学家柯西(Augustin-Louis Cauchy)在 1813 年完成证明。费马多边形数定理连接着著名的华林问题。

Ⅲ. 有关梅森素数的故事:费马在数论上的许多结论都与素数有关。在与一些法国数学家如德·贝西的一系列信件往来中,费马与他们分享了关于形如 $2^n - 1$ 的素数的一些新的结论,这类素数后来以"梅森素数"闻名于数学的江湖。费马证明,如果 n 不是素数,则 $2^n - 1$ 也不是素数。如果 n 是素数,则 $2^n - 1$ 的所有因数都可以用形如 $2mn + 1$ 的数来表示。他还对梅森素数与"完美数"之间的联系进行了研究。

Ⅳ. 具有形式为 $4n + 1$ 的素数:任何一个形如 $4n + 1$ 的素数都可以写成两个平方数之和。

这个著名的定理出现在费马于 1640 年 12 月 25 日给梅森的信中。100 多年后,数学家欧拉给出了定理的第一个证明。他的证明用到了费马的无穷递降方法。

Ⅴ. 费马数猜想:形如 $F_n := 2^{2^n} + 1 (n = 0, 1, 2, 3, \cdots)$ 的数都是素数。

终其一生，费马都在为"是否所有诸如 $2^{2^n}+1$ 形式的数都是素数"这一问题而奋斗。在这个形式独特的数列：3，5，17，257，65 537，…中，前五个都是素数。因此，在与梅森、帕斯卡等数学家朋友的通信中，费马写道：他强烈相信他的这一猜想是正确的，并且曾一度声称自己找到了它的证明方法。费马当然不可能找到他的这一猜想的证明，因为多年后——那是 1733 年前后，欧拉发现这个数列中的第六项 $F_5=$ 4 294 967 297，可以被 641 整除。这里至少有两个数学小故事值得一提，一是截止到 2018 年，数学家所知道的费马素数依然还是上面说到的那 5 个。因此有数学家提出这样的猜想：除了前 5 个，其他所有的费马数都不是素数。二是费马数的故事连接着正 17 边形的尺规作图和高斯数学人生的绽放。

Ⅵ. 费马大定理：不定方程 $x^n+y^n=z^n(n\in\mathbf{N},n\geqslant3)$ 没有正整数解。

在费马声称自己已经证明了的所有定理中，人们最有兴趣的，大约是所谓的"费马最后定理"(Fermat's Last Theorem)，其又被称为费马大定理。

话说 1637 年前后，费马在阅读古希腊数学家丢番图的著作《算术》的拉丁文译本时，在第二卷问题 8 边上如此写道：

Cubem autem in duos cubos, aut quadratoquadratum in duos quadratoquadratos, et generaliter nullam in infinitum ultra quadratum potestatem in duos eiusdem nominis fas est dividere. Cuius rei demonstrationem mirabilem sane detexi. Hanc marginis exiguitas non caperet.

将这段拉丁语的文字译作中文，说的是：

将一个立方数表示为两个立方数之和，或者将一个四次幂表示为两个四次幂之和，一般地，将任何一个高于二次的幂表示为两个同次幂之和，这是不可能的。关于此，我确信已经发现了一种美妙的证明，可惜这里空白的地方太小，写不下。

将这个断言转化为数学的语言，即，当 $n\geqslant3$ 时，不定方程 $x^n+y^n=z^n$ 没有正整数解。

1670 年，即费马去世 5 年后，他的儿子克莱芒·萨缪尔·费马(Clément-Samuel Fermat)发表了费马对丢番图著作的注释，这才使得数学家们知道了费马的这一断言。话说 1659 年，费马曾经在寄给惠更斯的信件中给出了这一断言在 $n=4$ 时的证明，在此前他还曾挑战过其他数学家来证明 $n=3$ 的情形，但估计他从未给出过 $n\geqslant5$ 时的一般的证明。

多年后，数学家欧拉给出了 $n=3$ 情形的一个证明。然后在 1825 年前后，数学家勒让德和狄利克雷独立地给出了 $n=5$ 情形的证明……这其后的科学故事关联着众多数学家的传奇。在经过 300 多年的等待后，直到 1995 年前后，英国数学家安德鲁·怀尔斯(Andrew John Wiles)完成了费马最后定理的最后证明。和数学历史上许多有名的问题一样，费马的最后"定理"作为数学问题而享誉数学江湖，其一大原因或在于，关于它，在此前已经有太多的错误证明。关于费马大定理更多的故事传奇，可以阅读相关的科普读物。比如，有一部绝妙之作叫做：《费马大定理：一个困惑了世间智者 358 年的谜》。

在《曲线传奇》第一幕第三场"流动的期刊"这一场里，出现如下这些科学人物，他们是梅森、伽桑迪、德·罗贝瓦尔和让·贝格兰，让我们认识一下他们。

马林·梅森(Marin Mersenne，1588—1648)，17 世纪法国著名的数学家和修道士。在他身上，这两者如此奇妙地结合在一起，尽管梅森是一位牧师，他却是科学的热心拥护者和守望者。梅森是一个非常博学的学者，其作品涉及数学、声学、力学等多个领域。在数学上，最为人所知的是梅森素数，即形如 $2^n-1(n \in \mathbf{N})$ 的素数。又因其对音乐理论的开创性工作，梅森被称为"声学之父"。

马林·梅森

在当时的欧洲科学界，他是一位最为独特的人物。话说 17 世纪时，各种科学刊物和国际会议等还远远没有出现，甚至连科学研究机构都还没有创立，交往广泛、热情诚挚和德高望重的梅森于是就成了欧洲科学家之间联系的桥梁。许多科学家都乐于将成果寄给他，然后再由他转告给更多的人。因此，梅森可谓是 17 世纪上半叶欧洲科学和数学世界的驿站。他被誉为"欧洲的邮箱"(the post-box of Europe)。在那个时期的巴黎，梅森的家中，时常有许多著名的数学家在此聚会，讨论数学、科学问题。这个名曰"梅森学院"的所在，后来导引出著名的法兰西科学院。

在此还值得一提的是，在梅森的人生之旅中，16 岁那年曾就读于著名的拉弗莱什的耶稣会学院。比梅森年轻 8 岁的笛卡儿也就读于同一所学校，但直到很久以后，他们才成为朋友。

皮埃尔·伽桑迪(Pierre Gassendi，1592—1655)生活在 17 世纪，他是一位来自法国的哲学家和数学家，他还是一位天文学家和牧师。虽然他在法国东南部担任教会职位，但他也在巴黎度过了很多时光，在那里他是一群自由思想知识分子的领导者。

皮埃尔·伽桑迪

他在天文学上有过许多有趣的发现，还写了许多哲学著作，与笛卡儿之间有过哲学和科学上的一些争论。

德·罗贝瓦尔（Gilles Personne de Roberval，1602—1675）是一位法国数学家，也是一位物理学家。他于 1602 年出生在博韦附近的罗贝瓦尔，他采用罗贝瓦尔这个领地名作为名字，可是他所著的书从未以此署名。在那还没有杂志的年代里，他与其他科学家之间的广泛的通信联系，对数学与科学的交流起到了媒介作用。在数学上，罗贝瓦尔因其作切线的方法和在高次平面曲线领域中的发现而闻名。

德·罗贝瓦尔

在他的青年时代，罗贝瓦尔即离开了他的家乡，前往法国的许多地方。他以数学为生，与他访问过的诸多数学家讨论数学。波尔多城是他旅行中的一站，在那里他遇到了费马。1628 年，罗贝瓦尔来到巴黎，并逐渐走入梅森的科学圈，开始了更为广泛的数学与科学交流。1632 年他被任命为巴黎格尔韦学院的哲学教授。两年后，他被任命为皇家学院的数学主席。这是一项有竞争力的任命，因为这个席位每隔三年自动空缺，由公开的数学竞赛来决定由谁接任，而竞赛的题目是由即将离职的教授出的。尽管如此，罗贝瓦尔占据这个席位直到他过世。这在某种意义上也解释了罗贝瓦尔为何经常迟迟不肯发表他的数学发现——由此连接着他与意大利数学家托里拆利之间的优先权之争。另外，罗贝瓦尔和笛卡儿之间也存在着不友好的数学交流。

这里值得一提的是，罗贝瓦尔在阿基米德螺线研究上享有盛誉。他在微积分创立过程中也有着先驱性的工作。有一个与摆线相关的有趣结论属于罗贝瓦尔："摆线下方的图形面积是生成它的圆面积的 3 倍"，这一奇妙的性质是罗贝瓦尔在 1634 年发现的。

让·贝格兰（Jean Beaugrand，1590—1640）是 17 世纪的一位法国数学家。除了数学，他还对天文学感兴趣。关于他的生平我们知之甚少，据说他是韦达的学生。自 1619 年以后，他经常参加"梅森学院"的科学聚会，在那个时期的数学传播中起着重要的作用。

1626 年 8 月，贝格兰与费马第一次见面，之后贝格兰经常与费马通信，正是通过这些信件，费马的工作在巴黎变得有名。在贝格兰的科学人生中，他当会以"发现费马先生"为荣。或许，他与笛卡儿曾经是朋友，可是基于某些原因，他们的友情变得很是淡薄。

在《当数学遇见浪漫》这三幕剧中，出现的瑞典公主克里斯汀，或可与历史上一位著名人物——瑞典女王克里斯蒂娜遥相呼应。

克里斯蒂娜

克里斯蒂娜（Christina，Queen of Sweden，1626—1689）于 1626 年 12 月 18 日出生在斯德哥尔摩。她的父亲古斯塔夫·阿道夫二世是一位著名的国王，也是一位才华横溢的军事家，被誉为"现代战争之父"。1632 年，古斯塔夫·阿道夫二世在吕岑战役中过世，六岁的克里斯蒂娜继承了王位，直到 1654 年退位。

克里斯蒂娜被认为是 17 世纪最有学问的女性之一。她喜欢书籍、手稿、绘画和雕塑。由于她对哲学、数学和炼金术的兴趣，克里斯蒂娜邀请许多科学家前往斯德哥尔摩，她希望这座城市成为"北方的雅典"。笛卡儿和瑞典女王的科学故事即为其中的一个例证。

话说 1649 年，笛卡儿的《论灵魂的激情》一书出版。这位哲学大师在欧洲的显赫名声引来了一位非比寻常的崇拜者——瑞典女王克里斯蒂娜。在女王的再三邀请下，笛卡儿终于同意到瑞典当克里斯蒂娜的哲学导师。可是天有不测风云，在这个"熊的国家，处于岩石和冰块之间"，对笛卡儿来说实在是太冷了。再加上，在日理万机的情况下，克里斯蒂娜女王只能选择在凌晨 5 点抽空向笛卡儿学习哲学。身处冰天雪地的笛卡儿很快就病倒了。起初笛卡儿只是轻微的感冒，可很快便转变成了当时无药可医的肺炎。1650 年 2 月 11 日，笛卡儿逝世于瑞典斯德哥尔摩。这是一个具有悲剧色彩的哲学科学故事。

克里斯蒂娜的一生充满传奇。具有戏剧性的出生，有点坎坷的童年，喜爱戏剧、音乐和舞蹈，具有非凡的语言天赋……勾画出她多彩的人生传奇。几百年来，她的故事传奇出现在无数的小说、戏剧和电影中。

3. 蝴蝶定理的解析证明

在《曲线传奇》的第六幕第一场里，话剧故事涉及"蝴蝶定理的解析证明"。在这一片段里，让我们一道看看如何利用解析几何的方法来证明经典的蝴蝶定理，以及更一般的圆锥曲线模式下的蝴蝶定理。

经典的蝴蝶定理如下：

定理 2.1 如图 1，设 M 是弦 AB 的中点。CD、EF 是经过点 M 的两条不同的弦。又 CF、DE 分别交 AB 于 P、Q 两点。则有 $MP = MQ$。

证明 以 M 为原点、AB 为 x 轴建立直角坐标系(图 2)。设圆的方程为

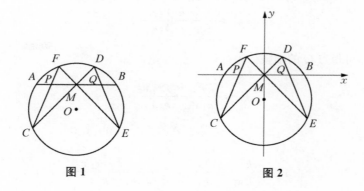

图 1   图 2

$$x^2 + (y+m)^2 = r^2,$$

其中圆心 O 的坐标为 $(0, -m)$,圆的半径为 r。

设直线 CD、EF 的方程分别为 $y = k_1 x$,$y = k_2 x$,其中 k_1、k_2 为直线的斜率。

下面利用圆和直线的联立方程组求相关的点坐标。

设 C、D 的点坐标分别为 (x_1, y_1)、(x_2, y_2),则由题意,它们满足方程组

$$\begin{cases} x^2 + (y+m)^2 = r^2, \\ y = k_1 x。 \end{cases}$$

于是当我们消去其中的 y 项后,可知 x_1、x_2 满足如下的方程:

$$(1 + k_1^2)x^2 + 2k_1 m x + (m^2 - r^2) = 0。$$

由韦达定理,得

$$x_1 + x_2 = -\frac{2k_1 m}{1 + k_1^2}, \quad x_1 x_2 = \frac{m^2 - r^2}{1 + k_1^2}。$$

同理,若设 E、F 的点坐标分别为 (x_3, y_3)、(x_4, y_4),则有

$$x_3 + x_4 = -\frac{2k_2 m}{1 + k_2^2}, \quad x_3 x_4 = \frac{m^2 - r^2}{1 + k_2^2}。$$

借助于上面的两组等式,可推得

$$k_2 x_3 x_4 (x_1 + x_2) = k_1 x_1 x_2 (x_3 + x_4)。$$

为求点 P 的坐标 (x_P, y_P),可利用直线 CF 方程。 由点斜式,有

$$\frac{y - y_1}{x - x_1} = \frac{y_4 - y_1}{x_4 - x_1},$$

在其中令 $y=0$ 即得点 P 的横坐标为：

$$x_P = \frac{(k_2-k_1)x_1x_4}{k_2x_4-k_1x_1}。$$

类似地，可得点 Q 的横坐标为：

$$x_Q = \frac{(k_2-k_1)x_2x_3}{k_2x_3-k_1x_2}。$$

因此，有

$$x_P + x_Q = \frac{(k_2-k_1)x_1x_4}{k_2x_4-k_1x_1} + \frac{(k_2-k_1)x_2x_3}{k_2x_3-k_1x_2}$$

$$= \frac{(k_2-k_1)[k_2x_3x_4(x_1+x_2)-k_1x_1x_2(x_3+x_4)]}{(k_2x_4-k_1x_1)(k_2x_3-k_1x_2)} = 0。$$

此即 $MP=MQ$。

更一般的蝴蝶定理如下：

定理 2.2 设有二次曲线 K。 M 是弦 AB 的中点。CD、EF 是经过点 M 的两条不同的弦。又 CF、DE 分别交 AB 于 P、Q 两点。则有 $MP=MQ$。

注释：题中的二次曲线指的是某一椭圆、双曲线或抛物线。

证明 如图 3，以 M 为原点、AB 为 x 轴建立直角坐标系。一般地，可设此二次曲线 K 的方程为

$$ax^2+by^2+cxy+dx+ey+f=0,$$

其中 a、b、c、d、e、f 是一些常数。

注意到 M 是弦 AB 的中点，而点 A、B 都在二次曲线 K 上，可知 $d=0$。这是因为，若记 A、B 的横坐标分别为 x_A、x_B，则由题设（A、B、M 都在 x 轴上）可知，x_A、x_B 满足方程：

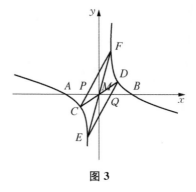

图 3

$$ax^2+dx+f=0。$$

而由韦达定理：$d=-a(x_A+x_B)=0$。

于是二次曲线 K 的方程可写作：$ax^2+by^2+cxy+ey+f=0$。

设直线 CD、EF 的方程分别为 $y=k_1x$，$y=k_2x$，其中 k_1、k_2 为直线的斜率。

下面利用曲线和直线的联立方程组求相关的点坐标。

设 C、D 的点坐标分别为 $(x_1，y_1)$、$(x_2，y_2)$，则由题意，它们满足方程组

$$\begin{cases} ax^2 + by^2 + cxy + ey + f = 0, \\ y = k_1 x, \end{cases}$$

于是当我们消去其中的 y 项后，可知 x_1、x_2 满足如下的方程：

$$(a + bk_1^2 + ck_1)x^2 + ek_1 x + f = 0。$$

由韦达定理，得

$$x_1 + x_2 = -\frac{ek_1}{a + bk_1^2 + ck_1}，\ x_1 x_2 = \frac{f}{a + bk_1^2 + ck_1}。$$

同理，若设 E、F 的点坐标分别为 $(x_3，y_3)$、$(x_4，y_4)$，则有

$$x_3 + x_4 = -\frac{ek_2}{a + bk_2^2 + ck_2}，\ x_3 x_4 = \frac{f}{a + bk_2^2 + ck_2}。$$

借助于上面的两组等式，可推得

$$k_2 x_3 x_4 (x_1 + x_2) = k_1 x_1 x_2 (x_3 + x_4)。$$

为求点 P 的坐标 $(x_P，y_P)$，可利用直线 CF 方程。由点斜式，有

$$\frac{y - y_1}{x - x_1} = \frac{y_4 - y_1}{x_4 - x_1}，$$

在其中令 $y = 0$ 即得点 P 的横坐标为：

$$x_P = \frac{(k_2 - k_1)x_1 x_4}{k_2 x_4 - k_1 x_1}。$$

类似地，可得点 Q 的横坐标为：

$$x_Q = \frac{(k_2 - k_1)x_2 x_3}{k_2 x_3 - k_1 x_2}。$$

因此，有

$$x_P + x_Q = \frac{(k_2 - k_1)x_1 x_4}{k_2 x_4 - k_1 x_1} + \frac{(k_2 - k_1)x_2 x_3}{k_2 x_3 - k_1 x_2}$$

$$= \frac{(k_2 - k_1)[k_2 x_3 x_4 (x_1 + x_2) - k_1 x_1 x_2 (x_3 + x_4)]}{(k_2 x_4 - k_1 x_1)(k_2 x_3 - k_1 x_2)} = 0。$$

此即 $MP = MQ$。

4. 几何学家的海伦——一些摆线的故事

在话剧的第二幕第二场,我们谈及"奇妙的摆线"。这里呈现有关于这一奇妙曲线的更多数学传奇。

让我们开篇于一则经典的数学问题(最速降线问题):

给定不在同一垂直线上的两点,一质点在重力的作用下从较高点下降到较低点,问沿着什么样的曲线运动其所需的时间最短?

这个问题的答案是:摆线(的一部分)。

那么,何谓摆线呢?

在我们的校园生活中,偶尔会看到这样的画面:一个同学骑自行车,滚动的车轮从地面上粘起一枚掉落在那里的口香糖,当车轮继续向前时,这枚口香糖就在空中画出一条摆线。车轮每旋转一周,口香糖就画出摆线的一个拱。

在数学上摆线可以这样被定义:一个圆沿一直线缓缓地滚动,则圆上一定点所画出的轨迹称作摆线(如图 4)。这一定义正是上面的生活画面的一个数学抽象。

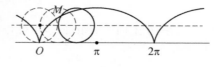

图 4

问谁是研究摆线的第一人? 这或是一个迷。数学史家们众说纷纭,莫衷一是。但可以肯定的是,在最早研究摆线的人群里,有一个伟大的名字——伽利略(Galileo Galilei, 1564—1642)。有着"现代科学之父"之称的伽利略也是一位伟大的"筑梦师",正是他第一个为摆线命名:cycloid,经由他的手,摆线从一个寂寂无闻者跃居为那一时代的科学宠儿。17 世纪的欧洲,有一大批卓越的科学家,如笛卡儿、帕斯卡、梅森、惠更斯、约翰·伯努利、莱布尼茨、牛顿等等,都热心于这一曲线性质和特征的研究。如此多的追随者,在那个热衷比赛的年代……于是伴随着众多发现,出现了许多有关发现权的争议,剽窃的指责,以及抹煞他人工作的现象。因此摆线被誉为"几何学家的海伦"(The Helen of Geometers)。

在希腊神话中,海伦是众神之王宙斯的一个私生女,她被认为是世间最美丽的女子。她的绝世美貌引来众多的追随者,可是也给她带来了不幸。与特洛伊王子帕里斯的邂逅和被诱拐,海伦的美导致长达 10 年的特洛伊战争。荷马史诗以诗篇的形式呈现了这场著名的战争。

是的,摆线或是数学中最迷人的曲线之一。在它身上,蕴含有许多奇妙的性质。在它的背后,有着很多迷人的数学故事。在此,让我们先来看看它的数学具象——

(1) 摆线的参数方程(记其拱高为 $2r$)

如图 5,设动点 $M=(x , y)$,则我们有

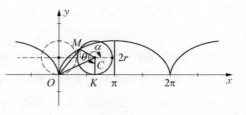

图 5

$$(x , y)=(OK , KC)+(CM\cos\alpha , CM\sin\alpha)$$
$$=(r\theta , r)+(-r\sin\theta , -r\cos\theta)$$
$$=(r\theta-r\sin\theta , r-r\cos\theta),$$

于是有

$$\begin{cases} x=r(\theta-\sin\theta), \\ y=r(1-\cos\theta), \end{cases} \text{(其中 } \theta \text{ 为参数)}$$

这就是(拱高为 $2r$ 的)摆线的参数方程。当 θ 从 0 到 2π 变化时,动点 $M(x , y)$ 描绘出摆线的一拱。如此循环往复。

(2) 其拱形面积的计算

$$A=\int_{\theta=0}^{\theta=2\pi} y\mathrm{d}x=\int_{\theta=0}^{\theta=2\pi} r^2(1-\cos\theta)^2\mathrm{d}\theta$$
$$=r^2\left(\frac{3}{2}\theta-2\sin\theta+\frac{1}{2}\cos\theta\sin\theta\right)\Bigg|_{\theta=0}^{\theta=2\pi}=3\pi r^2。$$

摆线下方的图形面积是生成它的圆面积的 3 倍,这一奇妙的性质是法国数学家德・罗贝瓦尔(Gilles Personne de Roberval,1602—1675)在 1634 年发现的。罗贝瓦尔在阿基米德螺线上享有数学声誉,他还在微积分创立过程中有着先驱性的工作,是他首先在一般意义上有着对曲线切线的讨论……在百度百科和维基百科的数学家传记之费马篇和布莱兹・帕斯卡篇都有说到,罗贝瓦尔和那个时代几乎所有的大数学家都有着通信往来,只是现在留存下来的关于他的数学故事并不多。

有一则数学趣闻与此相关。话说早在 1600 年前后,伽利略就试图求出摆线拱形的面积。于是他剪出了一个完整的摆线拱形,称了它的质量,然后与生成它的圆的质量作比较。他得出结论说,摆线拱形的面积大约是生成它的圆面积的 3 倍。这一方法的哲思源自"数学之神"阿基米德。

(3) 其拱形的弧形长度

借助于弧长的积分公式,我们有

$$s=\int_{\theta=0}^{\theta=2\pi}\sqrt{\left(\frac{\mathrm{d}y}{\mathrm{d}\theta}\right)^2+\left(\frac{\mathrm{d}x}{\mathrm{d}\theta}\right)^2}\mathrm{d}\theta$$
$$=\int_{\theta=0}^{\theta=2\pi} 2r\sin\left(\frac{\theta}{2}\right)\mathrm{d}\theta=8r。$$

摆线一拱的弧长恰是其拱高的 4 倍,这一有趣的性质是克里斯托弗·雷恩爵士(Sir Christopher Wren,1632—1723)在 1658 年的一个数学发现。雷恩是 17 世纪英国伟大的建筑师,许多蜚声世界的建筑,如牛津大学的谢尔登剧院、剑桥大学三一学院图书馆、汉普顿宫、格林威治天文台等都联系着他的名字。在 1663 年因圣保罗大教堂的重建设计,他获得了数学家的称号,其后致力于建筑学。

(4) 滚珠荡秋千——摆线的等时性

若把摆线弧 $\overset{\frown}{OM}$ 连同 y 轴一起翻转到 x 轴的下方来,则呈现如图 6 所示的一则摆线槽。取一颗适当大小的滚珠,放在这摆线槽中的任一位置。当松开手指后,滚珠就会像荡秋千一样,沿着摆线槽来回摆动……选择不同的初始点 M、N 放开滚珠,并注意各自通过摆线槽最低点 K 的间隔时间,你会发现一个很有意思的现象:尽管 M、N 点的高低不同,但滚珠

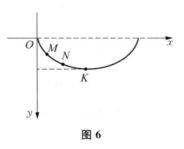

图 6

下滑到最低点所花的时间却是一样的。这个有趣的性质叫作摆线的等时性,是十七世纪荷兰数学物理学家克里斯蒂安·惠更斯(Christian Huygens,1629—1695)在 1673 年发现的。

下面我们可从数学上见证摆线的等时性:这有赖于滚珠(或质点)下滑时的时间模式:

如图 6,一质点从 $M:\theta=\theta_1$ 的点下降到 $N:\theta=\theta_2$ 的点所需的时间是

$$T=\int_{\theta_1}^{\theta_2}\frac{\sqrt{x'^2+y'^2}}{\sqrt{2gy}}\,\mathrm{d}\theta。$$

这一式的推导可简单说明如下:设质点下降的高度为 y,则由能量守恒定律知,所在时刻的动能等于其减少的势能:

$$\frac{1}{2}mv^2=mgy,$$

其中 g 为重力加速度,m 为质量,v 为速度。

于是有 $v=\sqrt{2gy}$。

再注意到 $v=\dfrac{\mathrm{d}s}{\mathrm{d}t}$(其中 s 为弧长)和 $\mathrm{d}s=\sqrt{x'^2+y'^2}\,\mathrm{d}\theta$。

我们有 $\mathrm{d}t=\dfrac{\sqrt{x'^2+y'^2}}{\sqrt{2gy}}\,\mathrm{d}\theta$。

再积分之,即可得上面的时间模式。

于是,质点从 M:$\theta = \theta_1$ 的点下降到最低点 K:$\theta = \pi$ 的点所需的时间是

$$T = \int_{\theta_1}^{\pi} \frac{\sqrt{x'^2 + y'^2}}{\sqrt{2gy}} \mathrm{d}\theta = \int_{\theta_1}^{\pi} \frac{\sqrt{r} \sin \frac{\theta}{2} \mathrm{d}\theta}{\sqrt{g \left(\cos^2 \frac{\theta_1}{2} - \cos^2 \frac{\theta}{2} \right)}}$$

$$= -2\sqrt{\frac{r}{g}} \int_{\theta_1}^{\pi} \frac{\mathrm{d}\left(\cos \frac{\theta}{2} \right)}{\sqrt{g \left(\cos^2 \frac{\theta_1}{2} - \cos^2 \frac{\theta}{2} \right)}}$$

$$= -2\sqrt{\frac{r}{g}} (\arcsin 0 - \arcsin 1) = \pi\sqrt{\frac{r}{g}}.$$

上面的计算表明,质点(滚珠)从初始位置 M 下降到摆线槽最低点 K 所用的时间是一常数 $\pi\sqrt{\dfrac{r}{g}}$,此与初始位置无关。这蕴含着摆线的等时性。

摆钟的设计,正是利用到摆线的等时性。

(5)相约最速降线问题

最速降线问题 给定不在同一垂直线上的两点,一质点在重力的作用下从较高点下降到较低点,问沿着什么样的曲线运动其所需的时间最短?

这是伟大的伽利略在 1630 年提出的一个科学问题。他回答说这曲线是圆(的一部分),可是这是一个错误的答案。相距 60 多年后,瑞士数学家约翰·伯努利再提这个问题:1696 年,他向整个欧洲大陆的数学家发出挑战,看谁可以解决这个著名的难题。其后有 5 人分享了这一荣誉:他们是牛顿、莱布尼茨、约翰·伯努利和他的哥哥雅各布·伯努利,还有以洛必达法则闻名于世的洛必达。

这问题的正确答案是,连接两点的那一段摆线。

最速降线问题的答案竟然是许多年前惠更斯所发现的等时曲线——摆线。可以想象,这一数学的邂逅,让那个时代的科学家们有多么的惊讶。无怪约翰·伯努利如是说:

"是的,无论如何,当我们发现摆线也是最速降线问题的答案时,我们既高兴又惊讶。带着欣赏,我们敬佩惠更斯,因为他首先发现,一个重质点沿着一条摆线下降时,无论它从摆线的什么地方开始下降,所用的时间都是一样的……但是,当我告诉你就是这个摆线,恰恰就是我们要求的最速降线时,你是否有几分惊讶呢!"

在这一问题的回答背后,蕴含有现代数学一个伟大的分支——变分法的哲思。对于大学数学系低年级的同学来说,变分法的思想或许有一点点挑战性……但我们不妨来分享如下的一个数学故事(这或可视为最速降线问题的一个特例)。

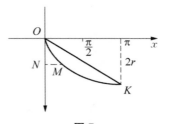

图 7

想象图 7 中有两个滑梯:一个是日常的滑梯,其滑道是斜线 OK;另一个是摆线滑梯,其滑道是摆线弧 $\overset{\frown}{OMK}$。一个有趣的问题是:

若在 O 点有两个小朋友 K_1、K_2,K_1 沿着普通滑梯滑下,K_2 同时沿着摆线滑梯滑下,问谁先滑到底?

在直观看来,OK 的长度比摆线弧 $\overset{\frown}{OMK}$ 短,于是似乎可以知道 K_1 先滑到底。但真正的答案或许会让你"大吃一惊":K_2 比 K_1 先滑到底。其背后的数学原理是:

注意到在直角坐标系下,普通滑梯有形如下的解析式:

$$y = \frac{2}{\pi}x \,(0 \leqslant x \leqslant \pi r),$$

于是 K_1 相应的下滑时间为(这里利用到上面的时间模式)

$$T_1 = \int_{x=x_1}^{x=x_2} \frac{\sqrt{1+y'^2}}{\sqrt{2gy}}\,\mathrm{d}x = \int_0^{\pi r} \frac{\sqrt{1+\left(\frac{2}{\pi}\right)^2}}{\sqrt{\frac{4g}{\pi}x}}\,\mathrm{d}x$$

$$= \sqrt{\frac{\pi}{g}\left(1+\frac{4}{\pi^2}\right)} \int_0^{\pi r} \frac{\mathrm{d}x}{2\sqrt{x}} = \sqrt{\frac{r}{g}(\pi^2+4)}\,。$$

而 K_2 经由摆线滑梯滑下所需的时间为

$$T_2 = \int_{\theta=\theta_1}^{\theta=\theta_2} \frac{\sqrt{x'^2+y'^2}}{\sqrt{2gy}}\,\mathrm{d}\theta = \int_0^{\pi} \frac{\sqrt{2r^2(1-\cos\theta)}}{\sqrt{2gr(1-\cos\theta)}}\,\mathrm{d}\theta$$

$$= \sqrt{\frac{r}{g}} \int_0^{\pi}\mathrm{d}\theta = \sqrt{\frac{r}{g}}\,\theta\,\Big|_{\theta=0}^{\theta=\pi}$$

$$= \sqrt{\frac{r}{g}}\,\pi < \sqrt{\frac{r}{g}(\pi^2+4)} = T_1\,。$$

(6)变幻曲

如上所言,在数学上摆线是一个圆沿一直线缓缓地滚动时,圆上一定点所画出的轨迹。且让我们的思维作点动画,如若我们让圆不是沿着一条直线滚动,而是沿着一个(比其大或者小的)圆滚动的话,则相应的定点的轨迹又会是什么呢?

我们会得到摆线的变幻曲:内摆线和外摆线。与摆线相关的,还有其他一些奇妙的曲线——如玫瑰线。进一步的故事续篇可参阅相关书籍。

最后让我们分享摆线在建筑设计上的一些应用。比如,在两处经典的建筑——肯贝尔艺术博物馆(Kimbell Art Museum)和汉诺威霍普金斯中心(Hopkins Center in Hanover)的设计中都蕴含有摆线的映像。肯贝尔艺术博物馆坐落在美国得克萨斯州沃斯堡市,这是美国建筑大师路易斯·康(Louis Kahn, 1901—1974)的一个经典作品。路易斯被誉为建筑界的诗哲,他的建筑作品往往是在质朴中呈现出永恒和典雅,启迪着人们对存在和哲理的思考。其建筑学之梦想,很多的时刻,得益于对几何形和相关数学元素的运用。在肯贝尔艺术博物馆的设计中融入摆线的哲思,或是这样的一个例证。汉诺威霍普金斯中心的设计则是由美国建筑大师哈里森(Wallace K. Harrison, 1895—1981)完成。

图 8　肯贝尔艺术博物馆

图 9　汉诺威霍普金斯中心

摆线的故事说不完。

5. 一些奇妙的曲线

有如前面讲到的,在数学的世界,有何其多奇妙的曲线。在这一篇章里,让我们再来简单地欣赏一些奇妙的曲线,它们或多或少与我们《曲线传奇》的话剧故事相关。

让我们先从心形线聊起。

(1) 心形线

在极坐标(ρ, θ)下,心形线的方程是:

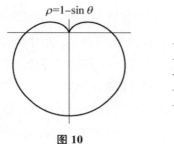

$\rho = 1 - \sin\theta$

图 10

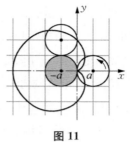

图 11

$$\rho = 2a(1 - \cos\theta), \text{ 或 } \rho = 2a(1 - \sin\theta),$$

其中 a 是一正的常数。

与摆线相仿,心形线可以如下的方式得到:当一个圆沿着另一个半径相同的圆滚动时,圆上一定点 M 所画出的轨迹即是一心形线(如图 11)。

关于心形线有很多有意思的性质,比如

心形线所围成的图形的面积:

$$A = 2 \cdot \frac{1}{2}\int_0^\pi [\rho(\theta)]^2 \, \mathrm{d}\theta = \int_0^\pi 4a^2(1-\cos\theta)^2 \, \mathrm{d}\theta = 6\pi a^2 \text{。}$$

心形线的周长:

$$L = 2\int_0^\pi \sqrt{[\rho(\theta)]^2 + [\rho'(\theta)]^2} \, \mathrm{d}\theta = \cdots = 8a\int_0^\pi \sqrt{\frac{1}{2}(1-\cos\theta)} \, \mathrm{d}\theta = 16a \text{。}$$

有趣的是,心形线的周长竟然与圆周率无关。

关于心形线的一个独特性质:

每一条经过心形线尖点的弦的长度是一个常数。

证明很简单,如图 12,我们有

$$|PQ| = \rho(\theta) + \rho(\theta + \pi)$$
$$= 2a(1 - \cos\theta) + 2(1 - \cos(\theta + \pi))$$
$$= \cdots = 4a \text{。}$$

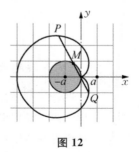

图 12

心形线的奇妙还在于,它连接数学的诸多方面:心形线可以看作是圆心在定圆上,经过定圆上一点的所有的圆的包络曲线(如图 13);心形线亦可以看作是某个圆心的焦散曲线(如图 14)。

心形线可以看作是一个圆的垂足曲线(如图 15)。

让人惊奇的是,心形线竟然会与分形几何中的曼德布洛特集(Mandelbrot Set)遇

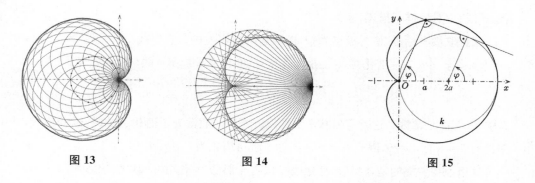

图 13   图 14   图 15

见。这个经典的分形,其中央的图形是一个近似的心形线(如图 16)。

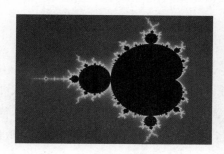

图 16

(2) 阿基米德螺线

在极坐标 (ρ, θ) 下,阿基米德螺线的方程是:

$$\rho = a\theta + b,$$

其中 a, b 都是常数。

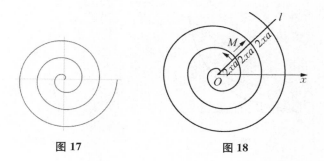

图 17   图 18

曲线的由来:如图 18,若直线 l 绕着它上面的一点 O 匀速旋转,同时直线上一动点 M 沿着直线作匀速运动,那么点 M 的轨迹就是阿基米德螺线。阿基米德在其著作

《论螺线》中对此作了描述。

若选取极坐标系,使得极点为 O,极轴是从 O 出发的任意射线 Ox。设当 $\theta=0$ 时,$\rho=b$。由于当 θ 匀速变化时,ρ 也是匀速变化的,因此 ρ 应是 θ 的一次函数:

$$\rho=a\theta+b,$$

其中 a、b 都是常数。这就是阿基米德螺线的方程。通常为了简化,选取极轴的位置,使得当 $\theta=0$ 时,$\rho=0$,因此 $b=0$,曲线的方程可简化为:$\rho=a\theta$。

这里值得一提的是,阿基米德螺线虽以古希腊数学家,被誉为“数学之神”的阿基米德的名字命名,却不是阿基米德最先发现的。话说在阿基米德之前,他的数学家朋友柯农就研究过这类曲线。阿基米德在此基础上继续研究,又发现了这一曲线的许多重要性质。由此螺线 $\rho=a\theta$ 与阿基米德的名字联系在一起。

阿基米德螺线的数学魅力:

在那个远古年代,数学家为何会想到研究阿基米德螺线? 这个问题有点难以回答。不过,其中的一个原因或许是,因为借助于阿基米德螺线可以解决如下两个问题:三等分任意角问题和化圆为方问题。让我们在此一窥阿基米德螺线非凡的数学魅力。

如图 19,已知有任意角 $\angle BAC$,要把它三等分。为此选取极坐标系,以 A 为极点,AC 为极轴,作阿基米德螺线 $\rho=a\theta$,交直线 AB 于 D(图 19 中,$D=B$)。现把线段 AD 三等分,设分点为 N_1、N_2。再以 A 为圆心,分别以 AN_1、AN_2 为半径画弧,交阿基米德螺线于 M_1、M_2。连接 AM_1、AM_2,则有 $\angle CAM_1=\angle M_1AM_2=\angle M_2AB$。于是,借助于阿基米德螺线的力量,完成了三等分任意角问题。

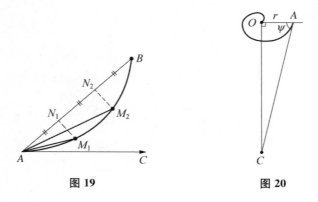

图 19　　　　　　　　　图 20

接下来我们再来看一看,借助于阿基米德螺线,如何解决“化圆为方”问题:

如图 20,作线段 $OA=r$,再以 O 为极点,OA 为极轴作阿基米德螺线 $\rho=a\theta$,使得其

导程为 r（此即 $2\pi a = r$）。作此曲线在点 A 处的切线，与过点 O 的垂线 OC 相交于点 C。于是，由阿基米德螺线的性质可知 $OC = OA \tan \angle OAC = r \cdot 2\pi = 2\pi r$。

现在取线段 OC 的中点 D，则有 $OD = \pi r$。然后作线段 x，使得

$$x^2 = OD \cdot OA = \pi r \cdot r = \pi r^2。$$

于是以 x 为一边的正方形的面积恰等于以 r 为半径的圆的面积。这就完成和解决了"化圆为方"问题。

（3）费马螺线

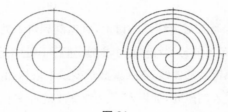

图 21

在极坐标 (ρ, θ) 下，费马螺线的方程是：

$$\rho^2 = a^2 \theta，$$

其中 a 是一个有关这个螺线紧密度的常数。

费马螺线最初出现在费马写给梅森的一封信里。在牛顿和莱布尼茨关于微积分的创始之前，费马已经开始在一些类别的函数上运用了不少微积分的核心概念了。1636 年，在他写给梅森的第一封信中，费马描述了他对阿基米德螺线所进行的拓展。在阿基米德所提出的 $\rho = a\theta$ 形式的螺线的基础上，他对更普遍的 $\rho = (a\theta)^n$（其中 $n \in \mathbf{N}$）形式的螺线进行了研究，并发展出了一套方法来计算这些曲线模式下的相关的面积。在其后寄给梅森的手稿《确定极大值和极小值的方法》中，费马解释了如何寻找曲线的最高点和最低点，以及怎样确定曲线切线的方法。笛卡儿在 1638 年得知费马的切线方法后，批评费马的方法不合逻辑并且作用有限。不过后来他发现这一方法比他自己发明的复杂方法更为有效。尽管费马的方法仅仅限于对一些特殊形式的曲线进行分析，但是这一方法被拓展到所有函数，且与用于表示斜率的现代的导数定义相一致。

（4）对数螺线

在极坐标 (ρ, θ) 下，这一曲线具有方程：

$$\rho = a e^{b\theta}，$$

其中 a、b 都是常数。

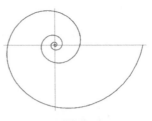

图 22

对数螺线又被叫做等角螺线或者生长螺线,在大自然中,不管是植物界还是动物界都可以很容易找到自然存在的对数螺线,比如鹦鹉螺的壳,向日葵或者菊花种子的排列方式等都呈现有对数螺线的映像。对数螺线也常见于一些自然现象中,如银河系巨大的螺旋臂堪称最壮观的对数螺线,正是星际间的引力牵引,才创造出如此庞大的秩序。在这样的银河系中,其螺旋臂或是由无数的行星所组成。遥观星空,我们不由得惊叹大自然的数学传奇。

数学历史上第一次有关对数螺线的讨论,可追溯到笛卡儿在 1638 年一封写给梅森的信中。之后,雅各布·伯努利针对这个主题,进行了更广泛的研究。

对数螺线是一种很奇妙的曲线,在一些数学变换下依然如故。雅各布·伯努利曾对对数螺线做过非常深入的研究,他发现了这种螺线的许多特性,如对数螺线经过各种适当的变换之后仍是对数螺线。他十分惊叹和欣赏这曲线的特性,因此最后在他的遗嘱里要求把对数螺线刻在他的墓碑上,以此纪念。并附上一曲颂词:Eadem mutata resurgo,意思是"虽然改变了,我还是和原来一样的我"。这句意味深长的颂词,固然是对对数螺线奇妙性质的赞美,但又何尝不是吐露他的数学心声:这位 17 世纪最为杰出的数学家之一,也许是在其弥留之际,借此表达对数学的眷恋之情呢。他或许希望在他魂归天府后,依然一如既往地研究数学。

（5）帕斯卡蜗线

在一些用英语写就的数学书里,有一种曲线被叫做 limaçon of Pascal,但是这里的 limaçon 却不是一个英语单词,而是一个法语单词,其意思是"蜗牛"。蜗牛是法国人爱吃的一种佳肴,这里则指的是这种曲线的形状像蜗牛。这里的 Pascal 不是 17 世纪的天才数学家和物理学家布莱士·帕斯卡（Blaise Pascal，1623—1662），而是他的父亲爱田·帕斯卡（Étienne Pascal，1588—1651）。在数学历史上,爱田·帕斯卡最早研究过这类曲线,不过此曲线由罗贝瓦尔命名,当时他用它作为寻找切线的一个例证。

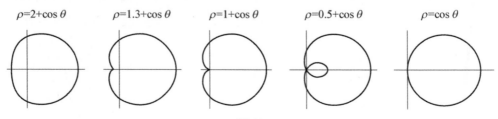

$\rho=2+\cos\theta$ $\rho=1.3+\cos\theta$ $\rho=1+\cos\theta$ $\rho=0.5+\cos\theta$ $\rho=\cos\theta$

图 23

在极坐标 (ρ, θ) 下,帕斯卡蜗线的方程是:

$$\rho = b + a\cos\theta,$$

其中 a、b 是两个正数。

当 $a=b$ 时,上述方程成为 $\rho = a(1+\cos\theta)$,这是心形线的方程。因此心形线是帕斯卡蜗线的特例。

这里还值得一提的是,帕斯卡蜗线连接着笛卡儿在 1637 年研究过的一类曲线——笛卡儿卵形线。

(6) 玫瑰线

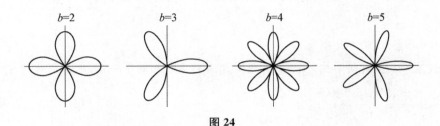

图 24

在 1723—1728 年间,意大利数学家格兰迪(Guido Grandi,1671—1742)发现并研究过一种美丽的曲线,叫做玫瑰线。

玫瑰线的极坐标方程可以写成:

$$\rho = a\sin b\theta,$$

其中 a、b 都是正数。玫瑰线的形状由 b 的数值决定。通过画图我们可以看到:$b=3$ 时玫瑰线有三个花瓣,叫做三叶玫瑰线;$b=2$ 时的玫瑰线却有四个花瓣,叫做四叶玫瑰线。一般地,若 b 是一个奇数,则 $\rho = a\sin b\theta$ 有 b 叶;而若 b 是一个偶数,则 $\rho = a\sin b\theta$ 有 $2b$ 叶。若 b 是一个既约分数或者无理数的情形,$\rho = a\sin b\theta$ 将呈现更加绚丽的图形。

(7) 卡帕曲线

在几何学中,有一种曲线的形状类似于希腊字母 $\varkappa$,因此其名曰卡帕曲线。在极坐标 (ρ, θ) 下,这一曲线具有方程:$\rho = a\cot\theta$。这一曲线曾被一些著名的数学家,如巴罗 (Isaac Barrow),牛顿(Isaac Newton)和约翰·伯努利 (Johann Bernoulli)研究过。

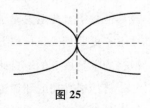

图 25

（8）蝶形线

$$\rho = e^{\cos\theta} - 2\cos 4\theta + \sin^5(\theta/12)$$

很多代数曲线与超越曲线都具有对称性,叶状的外观或者带有渐近线的美感,由南密西西比大学的费伊先生所开发的蝶形线就是其中一种美观的复杂图形。蝶形线的方程可以用极坐标如上表示,描出这一方程式所有点的轨迹,你将会看见一只蝴蝶的图案。自从蝶形线在 1989 年首次展现在世人面前之后,不论是学生还是数学家都会对这个曲线相当感兴趣,更重要的是,它启迪和激发人们去创造更多奇妙的曲线。

图 26

6. 射影几何的天空

设在平面上有两个三角形,若其对应顶点的连线相交于一点,则其三对对应边的交点在同一直线上。(如图 27)

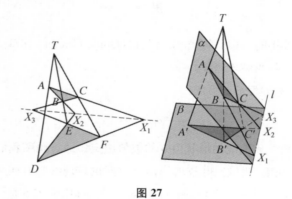

图 27

这是一个古老而著名的定理,叫做笛沙格定理。

1639 年,一篇关于圆锥曲线的很有独创性的论文在巴黎问世,它是笛沙格（Girard Desargues, 1591—1661）写的,他是一位数学家和工程师,还是一位建筑师。这篇著作被其他数学家普遍忽略了,以至于很快就被忘记了。二百多年后的一天,另一位法国数学家夏斯莱（Michel Chasles, 1793—1880）偶然碰见这篇论文的一份手抄本,那是笛沙格的学生抄下的。自此以后,这篇著作被认为是射影几何学的经典文献之一。

笛沙格当初的那篇论文为何会被忽略?是因为其中没有收藏有他的著名定理么?原因是多方面的。一是它被笛卡儿和费马所创造的解析几何的光芒所掩盖;数学家们普遍致力于发展这一新的、有力的工具。二是笛沙格所采用的写作形式很古怪。他的论文出现有如此多的新术语,其中一些还来自深奥的植物学。这部著作从开普勒的连续性学说谈起,导出许多关于对合、透射、极轴、极点以及透视的基本原理。

可以想象,笛沙格的工作在当时并没有获得多少数学家们的认同。同时代欣赏他的工作的知音或许只有数学家布莱士·帕斯卡(Blaise Pascal,1623—1662)。这位天才的法国数学家在数学、物理学、哲学等领域都做出了极为出色的贡献。相传在他12岁的时候,少年帕斯卡即独立证明了三角形内角和定理,由此被允许学习数学。1640年2月,帕斯卡发表了一篇题为《论圆锥曲线》的短文,在其中他感谢笛沙格使他了解了射影方法。这一著作包含有著名的帕斯卡定理。

帕斯卡定理 如果一个六边形内接于一个圆锥曲线,则它的对边相交于三个共线点。

帕斯卡在他的短文中并没有给出这一定理的证明。他仅仅先就圆的情形而后就任意圆锥曲线的情形声称此定理成立。或许,他有打算沿着笛沙格设想的方案来证明这个普遍的结果。不管如何,帕斯卡许诺在一本关于圆锥曲线的更完整的著作中透露更多的结果和方法,他在17世纪50年代中期完成了这一著作。不幸的是,这一较为详尽的著作从未出版,且所有的手稿后来都不见了。

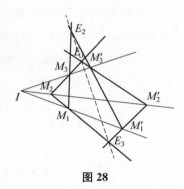

17世纪的射影几何学在那个时期的数学江湖中没有什么地位。它依然需要岁月等待,希望未来的天才来唤起其独具一格的数学力量。直到19世纪上半叶,经由蒙日(Gaspard Monge,1746—1818)、热尔戈纳(Joseph Diez Gergonne,1771—1859)、布里昂雄(Charles Julien Brianchon,1783—1864)、彭色列(Jean Victor Poncelet,1788—1867)和斯坦纳(Jakob Steiner,1796—1863)等诸多数学家的努力,射影几何才得以逐渐成为数学世界中一门独立的学科和领域。

图 28

下面让我们以3个经典的定理为知识的载体来简单地呈现射影几何的魅力。这三个定理分别是笛沙格定理、帕斯卡定理和蝴蝶定理。

笛沙格定理 如图28,设有两个三点形 $M_1M_2M_3$、$M_1'M_2'M_3'$,设

$$M_1M_2 \bigcap M_1'M_2'=E_3, \quad M_2M_3 \bigcap M_2'M_3'=E_1, \quad M_3M_1 \bigcap M_3'M_1'=E_2,$$

若 M_1M_1'、M_2M_2'、M_3M_3' 三线相交于一点,则 E_1、E_2、E_3 三点共线。

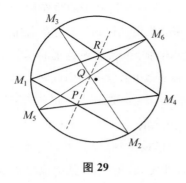

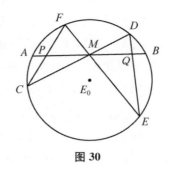

图 29   图 30

帕斯卡定理   如图 29，设 M_1，M_2，$\cdots$，M_6 是圆上的六点，已知

$$M_1M_2 \bigcap M_4M_5 = P，M_2M_3 \bigcap M_5M_6 = Q，M_3M_4 \bigcap M_6M_1 = R，$$

则 P、Q、R 三点共线。

蝴蝶定理   如图 30，设 M 是圆 E_0 里一点。AB、CD、EF 是经过点 M 的三条不同的弦。

又 CF、DE 与弦 AB 相交于 P、Q 两点。若 M 是 AB 的中点，则有 $MP = MQ$。

在给出和呈现这些定理的证明之前，我们需要有一些知识准备。这其中有两个概念是关键的，那就是交比和射影对应。

如图 31，给定同在一直线 l 上的四点 P_1、P_2、P_3、P_4，其交比可定义为

$$(P_1P_2，P_3P_4) = \frac{\overline{P_1P_3} \cdot \overline{P_2P_4}}{\overline{P_2P_3} \cdot \overline{P_1P_4}}，$$

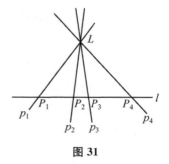

图 31

其中 $\overline{P_iP_j}$ 是两点间的有向线段的长度。若出现无穷远点，可经由极限的形式理解之。与点列的情形相仿，同在一线束 $L(p)$ 中四线 p_1、p_2、p_3、p_4，其交比可定义为

$$(p_1p_2，p_3p_4) = \frac{\sin(p_1，p_3) \cdot \sin(p_2，p_4)}{\sin(p_2，p_3) \cdot \sin(p_1，p_4)}，$$

其中 $(p_i，p_j)$ 是线束中两条直线的有向夹角。

经由上面的构图，易见有 $(p_1p_2，p_3p_4) = (P_1P_2，P_3P_4)$。

在射影几何学的历史之旅中，至少产生两种关于射影对应的定义。一种源自有着

传奇色彩的法国数学家彭色列,另一种则属于瑞士数学家斯坦纳。两个人都是 19 世纪的数学家,都在射影几何学上作出重要的贡献。

彭色列关于射影对应的概念建立在透视对应的基础之上。为此让我们先看一看何为透视对应,这可理解为一种最简单的射影对应。

图 32、33、34 是一维基本形(此即点列与线束)间透视对应的三种图画模式:

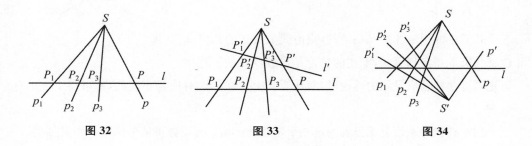

图 32   图 33   图 34

彭色列的射影对应说的是,射影对应是有限个透视对应的复合映射。而斯坦纳的射影对应说的是,射影对应是保持任何四点的交比不变的一一对应。

射影几何学的一个重要定理则告诉我们,上面的这两种定义本质上是一回事情。这即是说,彭色列的定义和斯坦纳的定义是等价的。射影几何学还有一个定理说的是,同一类基本形之间的射影对应若存在自对应元素,则其是透视对应。

在中学时代,我们都学过椭圆、抛物线和双曲线。借助于解析几何的语言,这些曲线的方程都是二次的,下面是它们各自的标准方程:

椭圆:$\dfrac{x^2}{a^2}+\dfrac{y^2}{b^2}=1$,   抛物线:$y^2=2px$,   双曲线:$\dfrac{x^2}{a^2}-\dfrac{y^2}{b^2}=1$。

一般地,任意一个二次曲线 C 的方程形如下:

$$a_{11}x^2+a_{22}y^2+2a_{12}xy+2a_{13}x+2a_{23}y+a_{33}=0,$$

其中 a_{ij},$i,j=1,2,3$ 是不全为零的实数。

若再经由齐次化,二次曲线则有如下的表达式:

$$\sum_{i,j=1}^{3}a_{ij}x_ix_j=0(其中\ a_{ji}=a_{ij})。$$

于是在射影平面上,二次曲线就是满足形如上式的这样一个方程的点 (x_1,x_2,x_3) 的集合。

所谓二次曲线的射影定义,可以归结于如下的这一数学定理。

定理 1 如图 35，设 E_1、E_2 是圆锥曲线 C 上的任意给定的两点，M_1、M_2、M_3、M 是不同于 E_1、E_2 的曲线上的四点，则我们有

$$(p_1 p_2, p_3 p) = (p_1' p_2', p_3' p'),$$

其中 $p_i = \overline{E_1 M_i}$，$p = \overline{E_1 M}$，$p_j' = \overline{E_2 M_j}$，$p' = \overline{E_2 M}$，$i, j = 1, 2, 3$。

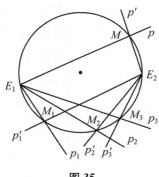

图 35

若其中的圆锥曲线是一个圆，则由线束交比的几何含义与圆周角定理可知，上述的结论是显然成立的。若再把圆锥曲线看成是圆的透视形，而注意到交比在射影对应是不变的，即可得上面的定理。

现在让我们来看上面提到的这三个定理的证明。希望你可从中阅读一则简洁美，这里有高观点下的初等数学的理念在星星闪烁。

笛沙格定理的射影几何证明：

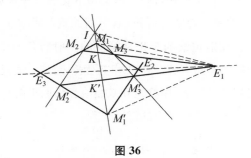

图 36

如图 36，由射影对应的交比不变性，我们有

$$(l_{M_1 M_2}, l_{M_1 K}, l_{M_1 M_3}, l_{M_1 E_1}) \;\overline{\overline{\wedge}}\; (M_2, K, M_3, E_1)$$
$$\overline{\overline{\wedge}}\; (l_{I M_2}, l_{IK}, l_{I M_3}, l_{I E_1})$$
$$\overline{\overline{\wedge}}\; (l_{I M_2'}, l_{I K'}, l_{I M_3'}, l_{I E_1}) \;\overline{\overline{\wedge}}\; (M_2', K', M_3', E_1)$$
$$\overline{\overline{\wedge}}\; (l_{M_1' M_2'}, l_{M_1' K'}, l_{M_1' M_3'}, l_{M_1' E_1}),$$

于是 $(l_{M_1 M_2}, l_{M_1 K}, l_{M_1 M_3}, l_{M_1 E_1}) \;\overline{\wedge}\; (l_{M_1' M_2'}, l_{M_1' K'}, l_{M_1' M_3'}, l_{M_1' E_1})$。

又注意到这一线束间的射影对应存在自对应直线 KK'，因此有

$$(l_{M_1 M_2}, l_{M_1 K}, l_{M_1 M_3}, l_{M_1 E_1}) \;\overline{\overline{\wedge}}\; (l_{M_1' M_2'}, l_{M_1' K'}, l_{M_1' M_3'}, l_{M_1' E_1}).$$

于是由透视对应的定义可知，E_3、E_2、E_1 三点共线。

帕斯卡定理的射影几何证明：

如图 37，由二次曲线的射影定义，我们有

$$(l_{M_2M_1}, l_{M_2M_3}, l_{M_2M_4}, l_{M_2M_5}) \overline{\wedge}$$
$$(l_{M_6M_1}, l_{M_6M_3}, l_{M_6M_4}, l_{M_6M_5}),$$

而经由图上的构造，有

$$(l_{M_2M_1}, l_{M_2M_3}, l_{M_2M_4}, l_{M_2M_5}) \overline{\overline{\wedge}} l_{M_4M_5}(P, L, M_4, M_5),$$
$$(l_{M_6M_1}, l_{M_6M_3}, l_{M_6M_4}, l_{M_6M_5}) \overline{\overline{\wedge}} l_{M_3M_4}(R, M_3, M_4, M),$$

其中 $L = M_2M_3 \bigcap M_4M_5$；$M = M_3M_4 \bigcap M_5M_6$，
$l_{M_3M_4}(P)$ 表示直线 l 上的点列。

于是有

$$l_{M_4M_5}(P, L, M_4, M_5) \overline{\wedge} l_{M_3M_4}(R, M_3, M_4, M)。$$

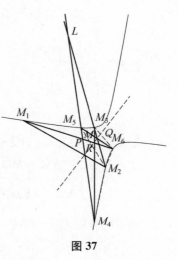

图 37

注意到这两个点列间的射影对应存在有自对应点 M_4，因此这是一个透视对应。此即

$$l_{M_4M_5}(P, L, M_4, M_5) \overline{\overline{\wedge}} l_{M_3M_4}(R, M_3, M_4, M)。$$

经由透视对应的定义，可知 PR、LM_3、M_5M 三线交于一点。

再注意到 $LM_3 \bigcap M_5M = M_2M_3 \bigcap M_5M_6 = Q$。我们有 P、Q、R 三点共线。

接下来我们将证明形如下的蝴蝶定理的一般形式：

蝴蝶定理的坎迪形式　如图 38，设 AB 为二次曲线的一条弦，M 为 AB 的一个点，过 M 点引两条弦 CD、EF，连接 CF、DE 分别交 AB 于 P、Q 两点。则我们有

$$\frac{1}{PM} - \frac{1}{MQ} = \frac{1}{AM} - \frac{1}{MB}。$$

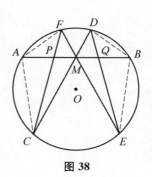

图 38

分析与证明：我们将借助于射影几何的方法来证明此二次曲线上的蝴蝶定理的拓广形式。注意到 A、P、M、Q、B 五点共线，经由点列与线束透视对应的相关性质可得：

$$(A, M, Q, B) = (l_{DA}, l_{DC}, l_{DE}, l_{DB}) = (l_{FA}, l_{FC}, l_{FE}, l_{FB}) = (A, P, M, B),$$

上述第二个算式经由二次曲线的射影性质。

由射影对应的性质可得$(AM, QB)=(AP, MB)$。

再由点列交比的定义知

$$\frac{AQ \cdot MB}{QM \cdot AB} = \frac{AM \cdot PB}{PM \cdot AB},$$

此即

$$\frac{AQ}{QM} \cdot \frac{MB}{BP} \cdot \frac{PM}{MA} = 1,$$

于是 $\qquad\qquad AQ \cdot MB \cdot PM = QM \cdot BP \cdot MA$。

注意到 $AQ = AM + MQ$，$BP = BM + MQ$，我们有

$$(AM + MQ) \cdot MB \cdot PM = QM \cdot (BM + MP) \cdot MA.$$

两边同除以 $MB \cdot PM \cdot QM \cdot MA$ 可得

$$\frac{1}{AM} + \frac{1}{MQ} = \frac{1}{BM} + \frac{1}{MP}.$$

进而移项得

$$\frac{1}{PM} - \frac{1}{MQ} = \frac{1}{AM} - \frac{1}{MB}.$$

这就完成这一定理的证明。

特别地，如果已知有 $AM = MB$，则经由上式可得 $PM = MQ$。此正是我们熟知的蝴蝶定理的经典形式。

三

物镜天哲

——刘欣雨　刘攀

许颖洲　邹佳晨　李慧慧　汪秦

> 时间：2016 年的某一天
>
> 地点：华东师大紫竹音乐厅
>
> 人物：数学嘉宾 $\int_{Ecnu}^{Math}$ 和 $\mathrm{d}x$，柳形上（女，《竹里馆》节目主持
>
> 　　　人），现场的观众朋友们

⌈灯亮处，舞台上，柳形上上。

柳形上　独坐幽篁里，弹琴复长啸。深林人不知，明月来相照。

同学们，朋友们，晚上好！这是华东师范大学数学文化类节目《竹里馆》的录制现场，我是柳形上……欢迎大家的到来！（此处有掌声）

柳形上　华东师大《竹里馆》的系列活动自 2010 年录播以来，已历经 6 个春秋。在这 6 年时光里，我们怀抱数学的梦与想象力，传递人文的哲思与爱。虽艰辛，亦快乐。在此，也感谢大家一路相随，不离不弃，谢谢你们！

接下来，就让我们进入今天的主题：是谁……发明了微积分？（稍加停顿）这一期活动我们特地邀请了两位特别的数学嘉宾来加盟！他们将和我们一道来聊聊"那些年，微积分背后的恩仇录"。大家掌声有请！

⌈在众人的掌声里，两位数学嘉宾上。（这里或可配一些相关的音乐）

柳形上　先请两位嘉宾和观众朋友们打个招呼吧！

其中：$\mathrm{d}x$ —— 微分（符）；$\int_{Ecnu}^{Math}$ —— 积分（符）。

$\mathrm{d}x$　（起范儿）敬爱的老师们！

$\int_{Ecnu}^{Math}$　（起范儿）亲爱的同学们！

$\mathrm{d}x$　在座的大朋友们。

$\int_{Ecnu}^{Math}$	小朋友们。

$\int_{Ecnu}^{Math}$、$\mathrm{d}x$　（微积分，合）大家晚上好！

$\mathrm{d}x$　我是微分。

$\int_{Ecnu}^{Math}$　我是积分。

$\int_{Ecnu}^{Math}$、$\mathrm{d}x$　（异口同声）我们是一对好兄弟！正是我们导引出"微积分的奇妙世界"！

[与此同时，两位嘉宾和主持人一道来展示一个卡通版的牛顿-莱布尼茨公式。

$\mathrm{d}x$　（故作委屈状）不知道为什么，可爱的华东师大的女生们特别怕我们，根本就不想见我们，甚至连一个争取的机会都不给我们，所以啊，至今单身！唉！

$\int_{Ecnu}^{Math}$　是啊，天天只能被一堆男生疯狂围攻，弄得我都有点（两人一起装女生状）……

柳形上　（打断他俩的说话）哦哦！我们这是直播，两位，请注意点影响。

[两人回到平日的状态。

$\int_{Ecnu}^{Math}$、$\mathrm{d}x$　其实我们一点儿都不可怕——

$\mathrm{d}x$　（指着积分）这位先生嘛……他只是你们所熟悉的累加号 $\sum$ 的无穷大变形！

$\int_{Ecnu}^{Math}$　（指着微分）他呀，也只是减号的无穷小形变而已——

$\mathrm{d}x$、$\int_{Ecnu}^{Math}$　（一起唱）对面的女生看过来，看过来，看过来……不要被我们的样子吓坏，其实我（们），很可爱……（配音乐）

柳形上　（看不下去了，笑着打断）好了，好了，让我们再次用热烈的掌声欢迎这两位！

[在观众的掌声中，微分和积分入座。

［经由 PPT 呈现如下的字样：

The calculus，was the first achievement of modern mathematics，and it is difficult to overestimate its importance。

——John von Neumann(约翰·冯·诺伊曼，1903—1957)

柳形上　话说……有一位伟大的数学家曾如是说，"微积分(The Calculus)是现代数学取得的最高成就，对它的重要性怎样估计也是不会过分的"。(稍稍停了停后)

［微分、积分两人作骄傲状。

柳形上　今天，在微积分出现 3 个多世纪之后，它依然值得我们这样赞美！微积分呀，可谓是一座神奇的数学桥……

［微分、积分两人百无聊赖状。

$\int_{Ecnu}^{Math}$　兄弟，我们都三百多岁啦！

$\mathrm{d}x$　(装老人)唉，岁月不饶人啊。老了，老了。

柳形上　(犹自个说)它引领我们从有限走向无限，从离散走向连续，从肤浅的表象走向深刻的本质。哈，它引导我们从简单的初等数学走进富有挑战性的高等数学……

［微分、积分两人继续百无聊赖状。

$\int_{Ecnu}^{Math}$　三百多年了，你一点儿没变啊。

$\mathrm{d}x$　哈哈，你也是啊。

柳形上　(犹自个说)现如今，微积分已是人类知识宝库的一大组成部分——这一数学的殿堂里汇聚和包含有无数的概念、定义、定理和有趣的例证。(稍停了停)若说到这个伟大数学成就的创造者，我们不可不提到牛顿(Isaac Newton)和莱布尼茨(Gottfried Wilhelm Leibniz)。

$\int_{Ecnu}^{Math}$　(对微分)唉，我好像听到咱爸的名字了。

$\mathrm{d}x$　(回过神来)啊？爸爸？

$\int_{Ecnu}^{Math}$	你不记得了？……正是我们"天才的父亲"——莱布尼茨先生在 17 世纪的某一天创造了我们，我们才得以闯荡在数学这个浩瀚的江湖呐。
柳形上	（有几分调侃地）哈……原来如此，不知两位对祖上的情况，可了解有几何？
dx	嗯，漫步数学历史的画卷……微积分的缘起或可追溯到古希腊的阿基米德时代。
柳形上	阿基米德？那可是数学之神！
$\int_{Ecnu}^{Math}$	是的！阿基米德，人类文明史上最伟大的数学家之一，素有"数学之神"的雅号。他的《方法论》一书里就隐藏有微积分学的早期萌芽。
dx	嗯，早在公元前 212 年前后，阿基米德就曾用极限的方法和哲思来计算某些几何图形的面积、体积和表面积……数学之神呵，他离发现一门新科学的距离是如此之近。
$\int_{Ecnu}^{Math}$	然而还是经过漫长的……1800 年的等待，经过法国数学家费马……嗯，皮埃尔·德·费马，还有其他许多前辈数学家们的努力，微积分终于被推上了数学历史的舞台。
柳形上	1800 多年？这让人好奇怪，微积分的发明缘何让我们等待这么久？
$\int_{Ecnu}^{Math}$	因为啊，当时其他人没能懂得阿基米德他老人家的大智慧，会错了意。不然啊，人类发明微积分或许会缩短几个世纪呢！
dx	不管如何……当历史的舞步来到 17 世纪，然后在许多前辈数学家们努力的基础上，有两位学者促成了微积分的降生——这两位天才的数学家正是艾萨克·牛顿和戈特弗里德·威廉·莱布尼茨——
柳形上	呵呵，这又是怎样的一段精彩的故事呢？听说这两位天才人物曾关于微积分发明的优先权有过一场激烈的战争。
$\int_{Ecnu}^{Math}$ 、dx	哈哈，如此且让我们漫步走入天才们的童真时代。

〔灯暗处，众人下。随后 PPT 上出现如下的字幕和旁白。

第二幕

第一场 当孤独遇见幸福

> 时间：1650—1652 年
>
> 地点：英格兰林肯郡的伍尔索普(Woolsthorpe)庄园
>
> 人物：牛顿和他的外祖母

旁　白　1642 年,在人类科学和文明史上会是独特而伟大的一年。伴随科学巨匠伽利略的离世,那一年迎来了另一位天才:艾萨克·牛顿的诞生。(这里出现有孩子的啼哭声)

牛顿的童年并不幸福。在父亲去世后,牛顿 3 岁时母亲改嫁他人,留下他和年迈的外祖父母,相依为伴……

〔PPT 画面呈现:中世纪的伍尔索普,展现出一派平实的农家风光:不起眼的农舍后面有棵苹果树,芦苇丛中生长着一棵菩提树,四周的草地上有片片羊群……

〔灯亮处,只有一个小小的身影——那是童年时代的牛顿,在乡间独自一人玩耍,伴随着旁白出现的,还有如下的景象。

牛　顿　(抬头看远方,兴奋)太阳!太阳你好!今天我们又见面了。我知道答案啦!

牛　顿　(用手画一个圆)你看!我可以在地上画一个圆,将圆分成几段弧,并在每段弧上做标记,然后将木桩钉在地里。这样就可以计算时间了,对吧!

牛　顿　(边思考,边走到另一侧)哦!对了!我还可以把刻度刻在石头上,根据指针的指示画出木桩的阴影,这样就更耐用更准确了!

〔牛顿坐下来画圆或做点别的什么。这里或可以呈现少年牛顿的一些故事画面:

(1) 小牛顿在草地上画着一个几何图形,比如一个圆,再将圆分成几段弧,并在每段弧上做标记,然后将木桩钉在地里或者墙上;

（2）他把刻度盘刻到石头上，根据指针的指示画出木桩的阴影——这是少年牛顿的日晷。这意味着将时间和空间联系在一起，根据弧长计算时间；

（3）他用绳子计算每小段距离，把英尺换算成分钟……

［在话剧时间里的2—3分钟后，有旁白出。

旁　　白　　牛顿！你外婆喊你回家吃饭啦！

［随后远处传来一个苍老的声音（那是外祖母的声音），其音或可以是：艾萨克，艾萨克，艾萨克·牛顿，该吃晚饭啦。

牛　　顿　　我快做完了，马上就来！

其音重现　艾萨克，艾萨克，艾萨克·牛顿，该吃晚饭啦！

旁　　白　　牛顿的童年是孤独的，却又是幸福的！因为大自然对他来说，就是一卷翻开的大书。这本大书告诉他很多很多……

［灯暗处，众人下。随后PPT上出现如下的字幕。

> 时间：1650—1652 年
>
> 地点：德国莱比锡，莱布尼茨家
>
> 人物：弗雷德里希·莱布尼茨（Friedrich Leibniz，莱布尼茨
> 的父亲，莱比锡大学的著名教授）；
>
> 凯萨琳娜·史穆克（Catharina Schmuck，莱布尼茨的
> 母亲）；
>
> 少年莱布尼茨；
>
> 安娜·凯萨琳娜（Anna Catharina，莱布尼茨的妹妹）；
>
> 阿俪莎（他们家的邻居）

[灯亮处，舞台上出现下面的场景：舞台的一边，那是书房，其间有父亲和他可爱的孩子，在一起阅读着哲学与历史的书籍。这里是书房里的声音：

弗雷德里希　欧洲，这是一片美丽而富饶的土地。都是谁千百万年以来就在这里生活、繁衍？欧洲，这是一片辽阔而多彩的疆域。又是谁爬山涉水来到这里，把它当作故乡和家园？欧洲，你究竟从何而来？……（读到此处，莱布尼茨抬起头）

莱布尼茨　（天真地问）爸爸，欧洲在哪里？

弗雷德里希　我们生活的这片土地就是欧洲。

莱布尼茨　那它为什么要叫欧洲呢？

弗雷德里希　孩子，在古希腊神话里啊，有这样一个传说：话说欧罗巴（Europa）是腓尼基王国的一位公主，她的美貌吸引了主神宙斯。为了得到她，宙斯变成一头牛，将她带到了克里特岛。在那里，她与宙斯结合，并成为王后。这片新的大陆后来取名为欧罗巴，也就是现今的欧洲！

莱布尼茨　那我们家是怎么来到这里的？

弗雷德里希	我们的祖先世世代代生活在这里,所以我们家也在这里。
莱布尼茨	祖先?
弗雷德里希	是啊,我们生活的世界有悠久的历史,在我们之前,已经有无数人在这里生活啦。我们的祖先还创造了灿烂的文化呢,比如哲学、艺术、文学、数学、科学……
莱布尼茨	什么是哲学?
弗雷德里希	哲学啊,就是人类对智慧和真理的追求。
莱布尼茨	什么是真理?
弗雷德里希	真理啊,就是……

〔两人继续读书和聊天状。

〔舞台的另一角,凯萨琳娜带着两三岁的安娜已来到,她们在玩耍,一旁还有邻居阿俪莎和她们一起聊着天。

阿俪莎	听,多有趣的画面呀!父子俩在做什么呢?
凯萨琳娜	(暂时从小女孩的玩闹中挪开)他们在一起读书。
阿俪莎	一起读书?
凯萨琳娜	呵,是的。通过大声地讲述和阅读历史,弗雷德里希……期望在他的儿子的心中种下对神圣以及世俗历史的喜爱。
阿俪莎	历史学?戈特弗里德还不到 6 岁吧?
凯萨琳娜	是的。还不到 5 岁呢。
阿俪莎	喔!这么小就给他讲授历史学……他的父亲,莱比锡大学的大牌教授,是不是有点疯了?!
凯萨琳娜	(与女儿玩耍中)呵。还好。孩子很喜欢。
阿俪莎	哈,这倒是。戈特弗里德可谓是天纵之才,听说在他受洗礼的时候,竟然睁大眼睛抬起了头……
凯萨琳娜	(微笑点头后,道)嗯。他的父亲——弗雷德里希——欣欣鼓舞地将这个

富有暗示的插曲看做是,孩子可以在将来为上帝的荣耀以及教会的进步做出卓越贡献的一大征兆。

阿俪莎　嗯,我们还听说,还在他蹒跚学步时,有一次从桌子上重重地摔了下来……哈哈,他却毫发无损地微笑着站立起来。

凯萨琳娜　(微笑地道)嗯。感谢上帝! 阿门!

　　　　[当此时刻,莱布尼茨和他的父亲来到屋外,相互打了招呼,莱布尼茨带着妹妹一起玩耍,嬉闹。

凯萨琳娜　今天你们……怎么样?

弗雷德里希　(欣然道)哈哈,我们的孩子呀,真是个天才……我想再过两年,可以让他在我的个人图书馆里随意驰骋,自由自在地读书啦!

　　　　[灯暗处,众人下。随后PPT上出现如下的字幕。

第三场　校长来访

时间：1658—1660 年
地点：英格兰林肯郡的伍尔索普庄园
人物：牛顿的母亲汉娜夫人，校长斯托克斯先生，两位女仆：
　　　简和丽萨

旁　白　少年时代的牛顿，对文学不是很有兴趣。但他喜欢独自一个人看各种各样的科学书籍，或者依照书上所言来制作一些奇妙的机械和器具。老师们大多忽略他，同学们也不喜欢他。只有校长亨利·斯托克斯先生赏识他！这不，他正在来牛顿家的路上。

简　　　(从厨房端来待客的下午茶)丽萨，你过来，快过来，过来呀！

丽　萨　(正在待客大厅打扫卫生)什么事啊，你看我不是正忙着。斯托克斯校长就要来了，汉娜夫人只给我一刻钟的时间来重新收拾这些。(一边抱怨一边还是凑到简身边)

简　　　喂，你听说了没。艾萨克少爷马上得从格兰瑟姆学校回来了！自从他的继父史密斯先生去世后，汉娜夫人就一直情绪低落。这回，汉娜夫人终于要把他那求学的儿子召回来了，召回伍尔索普庄园，跟她一起打理农务。

丽　萨　哦。(露出不感兴趣的神情，转身欲继续回去打扫)

简　　　这可是不小的事情，我说丽萨，你倒是给我点儿回应啊！

丽　萨　我得要怎么回应啊，又不是没见过艾萨克少爷，他打小就是那副书呆样子。喂！你可别告诉夫人。叫我说呀，他从那格兰瑟姆学校能学到什么？都学三四年了，看看现在还不是回来务农。从小就傻里傻气，学一堆没用的知识，捣鼓木材做些稀奇古怪的东西，我看他呀，成不了什么气候。

简　　　嘘——你这该死的嘴巴！别那么大声！虽然……虽然我也是这么觉得的。这回，也不知道格兰瑟姆的斯托克斯校长来我们庄园又是什么事。你说，不会是艾萨克少爷闯什么祸了吧？我怎么觉得这里面有点不简单啊。

丽　萨　什么简不简单的，能闯什么祸，我可不关心。我看你就是闲得慌了，吃饱撑的，走开点，走开点。别碍着我打扫，来不及了，我的上帝。

［这时汉娜夫人从屋子另一头急匆匆地向大厅走来。

汉娜夫人　简！丽萨！我来看看你们准备得怎么样了，斯托克斯校长应该不久就该到了。

丽　萨　啊，夫夫夫人！好好好……都都差不多了。简！简！夫人来了！

汉娜夫人　（环顾四周，满意的神情）差不多行了，你们现在去通知厨房，今晚要给斯托克斯校长准备一桌丰盛的晚餐，我们伍尔索普庄园可不能怠慢客人。

简、丽萨　是的，夫人。（丽萨一路揪着简的围裙，两人拉拉扯扯略显滑稽地从舞台一边下场）

　　　　　［汉娜夫人在桌旁端坐，一手托住前额，小憩。

　　　　　［这时隐约有一阵稳健的脚步声传来，穿着体面的斯托克斯校长脱下礼帽环抱胸前，从舞台一边上场。

汉娜夫人　（从小憩中醒来，侧耳闻声，急忙站起迎接客人）一定是斯托克斯校长！噢，尊敬的斯托克斯校长，欢迎来到我们伍尔索普庄园。您一人舟车劳顿赶来，实在是我们的荣幸。（接过斯托克斯校长手中的礼帽）快请坐，尝尝我们的咖啡和奶酪。

斯托克斯　（年迈的老校长神情和蔼举止优雅）谢谢夫人，别这么说。是我自己非来不可，相信您在我的信中也知道我这次来的原因了吧。

汉娜夫人　（面露难色，一瞬尴尬又微笑起来）不管怎么说，都要谢谢您，校长。这几年艾萨克在格兰瑟姆多亏您的照顾。自从史密斯，艾萨克的继父过世后，我就希望我的孩子可以早日回到我的身边。虽然……（稍作停顿）再次感谢您这几年给予他的教导。我想，现在，他可以独立打理庄园了。

斯托克斯　夫人……我能够明白您的心情。（感到为难，欲言又止，终于站起身）但恕我直言，牛顿他将会成为一个不凡的人才，他不该在这乡间虚度余生。如果您信任我，请把他交给我。如果他能够继续接受高等教育，去伦敦，去剑桥，去打开他自己的视野，迎接他的将是无可限量的明天。

汉娜夫人　斯托克斯校长！（似有强烈的不满，而又压抑着）伍尔索普是他的家！我的孩子他一向喜欢这里的丰草、树林、溪流，还有白头翁。受了几年教育就不再属于这里了吗？我是他的妈妈，我了解他，我也爱他！（声音逐渐减弱）他也会想要和我在一起。

斯托克斯　（尴尬沉思，踱步，在两人陷入静默的间隙里重新回到桌旁就坐）夫人，毫无疑问，您是这个世界上最爱他的，也是他最信赖的亲人。但我相信您也能察觉到，他比周围孩子显得更机灵、睿智。他从小在数学、科学各方面有过人的天赋与才能。他必然无比热爱家乡，但相信他也同样炽热地爱着奇妙又无穷无尽的知识世界。无论如何，伍尔索普不该成为他的桎梏，他的牵绊。

汉娜夫人　校长……

斯托克斯　夫人，我希望您能够好好考虑一下。您虽然是他的妈妈，但您无法代替他思考，更不能左右他的未来。

简　　　　（画外音）夫人，晚餐准备好了。

汉娜夫人　校长，关于艾萨克是否要继续接受高等教育的事，我想我会再考虑的，我会和他的舅舅谈谈。这样，我们先去餐厅用餐，一切以后再谈。

斯托克斯　感谢您！夫人。但今夜恐怕有暴雨，我得尽早赶回去，车夫还在门外等着我，请您千万再考虑一下我跟您说的话，让牛顿接受更好的高等教育！（边说边戴上帽子）

汉娜夫人　斯托克斯校长，留下来吃个饭再走吧！

斯托克斯　不麻烦了！再见，夫人！

汉娜夫人　校长！

　　　　　[灯光渐暗处，众人下。有旁白出。

旁　白　　在斯托克斯校长和舅舅威廉·艾斯库等人的帮助下，牛顿的妈妈汉娜夫人不再反对他去剑桥读书。1660年底，牛顿通过剑桥大学的入学考试，阔步走进终将扬名的世界。

　　　　　[随后PPT上出现如下的字幕。

第三幕

第一场　集市地带

> **时　间：** 1662 年前后
> **地　点：** 剑桥大学城郊外的斯托尔布里奇市集(Stourbridge)
> **人　物：** 牛顿，书摊主，还有市集上的各色各样的人

旁　白　17 世纪 60 年代的剑桥大学城距离"学术乌托邦"的纯真还很遥远。那时候它还只是一个学术落后的所在。大学一年级的课程有修辞学、古典历史学、地理学、文学和《圣经》，对于牛顿来说都是乏味的。他的生活除了上课之外，就是一个人待着看书，寂寞而彷徨。唯一的娱乐去处就是剑桥郊外的集市，偶尔他会去那里闲逛逛，淘淘书……

书摊主　同学，来来来，瞧一瞧，看一看啊。但丁的《神曲》，薄伽丘的《亚美托的女神们》，还有《莎士比亚全集》，要不要？

〔牛顿摇头。

书摊主　这些可都是畅销书啊。

〔牛顿转身要走。

书摊主　哎！同学！我一看就知道你不一般啦。我这里有特别的书给你。

牛　顿　什么书？

书摊主　(有点神秘)古代中国的《三字经》，怎么样？

牛　顿　《三字经》？这是什么书？

书摊主　这可是来自遥远东方的文学经典！别的地方你可是买不到的！

牛　顿　文学经典？不要，不要。

书摊主　不要？那……这里还有卢卡·帕西欧里的《神圣比例》，达·芬奇的《绘画论》(牛顿依旧摇头)，(他拿出一幅看似珍贵的画)怎么样？对这个感不感兴趣？这可是蒙娜丽莎的绝世名画《达·芬奇的微笑》！

牛　顿　《达·芬奇的微笑》？真的假的？我不要。（转身欲离开）

书摊主　（有点失落）哎，生意难做啊。

　　　　［牛顿好像看到了什么，突然转身回来。

牛　顿　（指着书）让我看看这几卷书，看上去倒是蛮有趣的。

书摊主　这个？弗朗西斯·培根的《新工具》，伽利略的《星际使者》和《关于两门新科学的谈话和数学证明》？

牛　顿　（很是欣喜地）嗯，这些书还可以！还有其他类似的书么？

书摊主　有啊。不知这几卷数学书如何？欧几里得的《几何原本》，笛卡儿的《几何学》，还有约翰·沃利斯的《无穷算术》……

　　　　［牛顿的眼睛变大了，欣喜之情更甚。

牛　顿　（大声）老板！这些有关数学和科学的书，我都要了！

书摊主　好，好！您到时候再来哈。我都给您留着！

　　　　［牛顿怀抱着他的这几卷视若至宝的书继续闲逛，终于又看到一个穿着舞蹈服的人在出售各种奇珍异品。他在摊位前停下，这里有各种饰品和玩具，在经由一段时间的讨价还价或者交谈后，牛顿在这里买了一个小小的三棱镜……

　　　　［集市的声音依然在继续。

　　　　［灯渐暗处，众人下。随后 PPT 上出现如下的字幕。

> 时间：1665 年前后
> 地点：剑桥大学三一学院学生宿舍
> 人物：艾萨克·牛顿，约翰·威金斯(牛顿的室友)，安德鲁斯·戈什(牛顿的同学)

[灯亮处，舞台上出现如下的情景：在三一学院的寝室中，牛顿在书桌旁潜心阅读欧几里得的《几何原本》，他的室友约翰·威金斯在无聊地干点什么。

[舞台的一边，戈什从屋外不敲门直入。

戈　什　(有点愤怒地)早跟我爸说过了，我不来剑桥！现在王室复辟，大学里死气沉沉，教授们也都不思进取。这里根本不是一个理想的求学之地！

威金斯　但那又有什么办法，难道你要违背你父亲的意愿辍学吗？要知道，并不是谁都能来剑桥读书的，更别说这里……这里是三一学院！

戈　什　(几分不屑地)我当然知道。但是你看看，现在教授们都意兴阑珊，很是茫然。我们还不如去干点别的有意思的事情。

威金斯　这——

戈　什　这什么这！走！我都跟其他学院的几个哥们约好了去酒吧。至于你……(上下打量威金斯)我允许你和我一同前往。

[戈什转身望向专注的牛顿，慢慢走向牛顿，围绕着他的书桌走了一圈却没有引起牛顿的注意。

戈　什　(有点不屑地)我说，艾萨克·牛顿。你连欧几里得的《几何原本》都还没学完，你还能指望通过巴罗教授的面试？你面试前向考官缴纳的那些银币，不知有没有得到归还！

牛　顿　啊，你是在跟我说话？

戈　什　废话,这里还有谁需要我浪费口舌!我们想出去狂欢,你就说你去不去?

牛　顿　这个……你们去吧,玩得开心。我这里还有许多书要看,欧几里得的《几何原本》,沃利斯的《无穷算术》,还有巴罗教授的……

戈　什　(打断其话语道)真是傲慢孤僻又不自量力,你以为在没有教授的帮助下,你能研究出什么名堂么。除非是学院的巴罗教授给你指点一二,否则你再怎么研究也是徒劳,没人会认同你。当然,教授又怎么会理会你这样一个无名小卒呢。还不如和我们出去潇洒,是不是?威金斯!

威金斯　是是……是。

牛　顿　这些对我来说,确实并不容易,但花点时间总会茅塞顿开的。我想每个人都有自己的乐趣,嘿!有别于你所谓的出去潇洒,我的乐趣在这里(手指这些书卷)。不要耽误你们的玩耍,快去吧,玩得开心。(绅士地,忍让地,谦和地)

戈　什　你……书呆子!我们走!(气愤地拉着威金斯离开寝室,从舞台一侧下)

　　　　〔牛顿笑着摇头,坐下后又开始飞快地演算。此时灯光逐渐变暗,只留牛顿桌前的灯盏依然明亮。

　　　　〔灯渐暗处,牛顿下。随后 PPT 上出现如下的字幕。

第三场 问世间天才为何物

> **时间：** 1666—1667 年
> **地点：** 莱比锡
> **人物：** K 同学，Y 同学，E 同学（大一新生），其他一些年轻的
> 同学们

注释：17 世纪的某一天，莱比锡城市广场一隅的一家咖啡馆内，围坐着许多人，那或是莱比锡大学的学生们聊天的所在。

［灯亮处，舞台上。咖啡馆的一角，K 同学、E 同学、Y 同学以及其他一些年轻的学生围着一茶几而坐，他们的话题围绕莱布尼茨展开。

Y 同学　同学，欢迎来到著名的莱比锡大学！

K 同学　我们学校可是出过不少大人物和天才少年呢！

E 同学　是吗？都有些谁呢？

Y 同学　太多了，说最近的一个吧，天才少年——戈特弗里德·威廉·莱布尼茨。

K 同学　他可是多次打破莱比锡大学校史纪录的……了不起的人物啊！

Y 同学　他就是传奇！

E 同学　（好奇地）学长，学长，说说看，他是怎么个传奇法？

［众年轻的同学们应和道：是的呀，学长……说说他怎么个传奇法？

K 同学　话说他在 15 岁就进入莱比锡大学。

［众年轻的同学们和道：喔！

E 同学　十五岁！？

K 同学　然后仅仅学习了一年半，就获得了哲学学士学位。

E 同学　喔！天才！

Y 同学　呵呵,哪像我,在莱比锡大学里混了都 7 年了,还没有毕业……

K 同学　嘿嘿,据说他来大学前已在探索逻辑学! 听说他阅读经院哲学和神学,就像
　　　　读小说一样。

E 同学　天才呀! 天才!

K 同学　话说他的学士学位论文是关于经院哲学形而上学中最复杂,也是最受争议的
　　　　主题之一,什么来着?

Y 同学　有关个体性原则的问题——

K 同学　是的,他的学位论文题目叫做《有关个体性原则的形而上学论辩》,这是一篇
　　　　非常优秀的哲学作品。据说连他的导师托马修教授都对他赞赏有加呢!

E 同学　哦,连辩术无双、治学严谨的托马修教授都赞赏有加,那必是一部好作品。那
　　　　他后来呢?

K 同学　哈,在取得哲学学士学位后,他就换了一个新的研究方向——法学,来攻读硕
　　　　士学位。

E 同学　哇! 法学!

K 同学　然后在他学习法律两年后,仅仅是两年哦,他就被授予法学的硕士学位!

　　　　〔在众年轻同学们中有人道:喔,这可是大学校规能够允许的最少的时
　　　　间呀——

Y 同学　在他的硕士论文中,他用一个新颖的方法——经由数学证明的方式来回答一
　　　　个贯穿法学与哲学的交叉性问题。你们可知道,这可是理性法理学的第一次
　　　　尝试呢!

E 同学　他真是天才! 后来呢? 他又花了多长时间获得博士学位?

K 同学　额,他并没有在莱比锡大学取得博士学位。不然啊,他很有可能成为莱比锡
　　　　大学历史上最年轻的法学博士!

E 同学　为什么?

Y 同学　因为莱布尼茨太年轻啦! 于是高年级的学长们,甚至一些很有名望的教授们
　　　　都阻扰他提前毕业! 哈哈,这些学长们中就有我们的 K 同学。

K 同学　嘿嘿,惭愧,惭愧!本人只是有点妒忌而已——

Y 同学　呵呵,说真的。要不是众人的阻扰,莱布尼茨即便不能成为最年轻的法学博士,他也完全有理由因为一部伟大的作品——《论组合的艺术》而获得数学博士学位哈!

E 同学　那他现在还在莱比锡吗?

Y 同学　嗯,有几个月没有见到他了,听说他后来去阿尔特多夫大学读书了。

K 同学　嗨,没有莱布尼茨的日子,我们又少了不少谈资。

Y 同学　(有点恍然)啊,我倒忘了,最近我才得到有关莱布尼茨的一些消息。

众人道　什么消息?

Y 同学　话说,莱布尼茨在阿尔特多夫大学很快就获得法学博士的最高荣誉!更让人羡慕的是,在毕业典礼上,校长迪尔多教授试图将他直接聘为大学的教授!

K 同学　21 岁的教授?天啊,我们怎么活呀!

Y 同学　哈哈,不过莱布尼茨拒绝了!

E 同学　拒绝了?

Y 同学　是的!他说,他想去开始一趟科学学术旅行!去了解这无限广阔的世界!

　　　　〔灯渐暗处,众人下。随后 PPT 上出现如下的字幕。

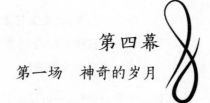

第四幕

第一场　神奇的岁月

> 时间：1665—1666 年
>
> 地点：英格兰伍尔索普庄园
>
> 人物：牛顿（或可以加上其他科学家，比如伽利略、开普勒的幻象）

旁　白　1665 年，一场瘟疫在英国流行。剑桥大学暂时关闭了，校委会委员和学生们都纷纷到乡下避难，于是牛顿也回到了他的家乡伍尔索普……

牛　顿　啊，太阳！树！我回来了！我知道了好多事！我了解了许多人，他们有很多有趣的想法。但是，还是有许多事，我想不明白。物质是什么，它是怎么运动的？

牛　顿　在漫长的中世纪，人们相信上帝创造了宇宙。且如《圣经》所言上帝引导着万物的运行。

牛　顿　文艺复兴时期，人类的理性复苏，随之而来的则是科学的蓬勃发展。

牛　顿　十六世纪是一个伟大的、英雄辈出的世纪！伽利略的发现极大地改变了人类对物质运动和宇宙的认识！无独有偶，同样伟大的开普勒则告诉我们天体运动的秘密。

牛　顿　物质是什么，它是怎么运动的？我深信上帝是依照完美的数学原则创造世界的！到底是一种什么原则呢？

　　〔舞台上，牛顿陷入长时间的科学思考和数学计算……或可以用哑剧的形式。

　　〔光影变幻里，有一个或两个苹果经由树上掉落。话说那个著名的苹果在恰到好处的时间掉落枝头，牛顿从沉思和计算中醒来……

牛　顿　啊呀，谁砸我啊！

牛　顿　苹果？刚好我饿了。（他咬了一两口苹果后，续道）哈，借助于笛卡儿的《几何学》,沃利斯的《无穷算术》,还有巴罗教授关于曲线和斜率等数学上的相关知识……我将可以得到关于曲线数学的最新方法——叫什么好呢?流数法!对!就叫它流数法!

牛　顿　哈哈,若将这一方法的哲思和观念应用到行星环绕太阳的运动上,我们则可以得到……额,可以得到重力的平方反比律!(指着纸上或者 PPT 上的一个函数图形,续道)让我们设想这是一条由点 $P(x, y)$ 运动时所产生的曲线,将变量 x、y 看做时间的函数……

[灯渐暗处,牛顿下。有旁白出。

旁　白　在 1665—1666 回到家乡的这两年,他的思想自由驰骋,不仅发明了微积分学,还在物理学上做出了不平凡的贡献——这段"流金岁月"(Prime Years)或是他一生中最多产的时期。正是在这段瘟疫肆虐的时间里,他完成了人生的重大转变,不知不觉地成了世界上极为重要的科学家。

[随后 PPT 上出现如下的字幕。

第二场　初临巴黎

> 时间：1672—1673 年的某一天
> 地点：巴黎，阿诺·安托诺的家中
> 人物：莱布尼茨，克里斯蒂安·惠更斯，尼科尔，伯特，帕尔
> 迪，费兰德，加尔加维，让·伽罗瓦，卡西尼，阿诺·安
> 托诺，还可以有其他的一些夫人们

旁　白　　1672 年的这个春天，莱布尼茨来到科学的都市——法国巴黎，这是当时欧洲文明最为高雅的所在地……搭载莱布尼茨的现代数学之舟由此起航。

〔这是哲学家和神学家阿诺·安托诺家中的学者聚会，这里乐声悠扬。

〔灯亮处，科学家们散坐各处，有的在聊着天——比如这里有伯特、加尔加维和卡西尼关于天文学、物理学的争论。

伯　特　　在我看来，哥白尼的《天体运行论》可谓是当代天文学的起点——想想看，"在行星的中心站着巨大而威严的太阳，它不但是时间的主宰，也是地球的主宰，而且还是群星和天空的主宰！"这是多么奇妙的景象！

加尔加维　是的，《天体运行论》对于后来伽利略和开普勒的工作是一个不可缺少的序幕。正是在哥白尼学说的基础上，伽利略得以在物理学和天文学上有着许多伟大的发现。

卡西尼　　嗯，伽利略的《星际使者》可是一本很有趣的书——这卷书告诉你望远镜发明的历程。

加尔加维　哈，或许正是借助于望远镜，开普勒发现了行星运动的三大定律——轨道定律、面积定律和周期定律。

伯　特　　这三大定律可是为他赢得了"天空立法者"的美名呦！

卡西尼　　哦，No！我并不认为开普勒的定律是对的。相比而言，我倒是更认同他的老师第谷·布拉赫提出的第三种学说：地球依然是宇宙的中心。

加尔加维　原来卡西尼教授在天文学理论上也是如此的保守——要知道,您可是在天文学上贡献非凡,您可是在惠更斯先生的基础上,发现土星有多颗卫星的呀!

　　[他们的话语被敲门声打断。有著名人物来了,那是克里斯蒂安·惠更斯。

　　[惠更斯由话剧舞台的一边上,主人阿诺·安托诺和其他人迎上前去。

安托诺　惠更斯先生!好久不见啦。您的到来真是让我这里蓬荜生辉啊。

惠更斯　你这么说就见外啦。你家中的学者聚会可是学术交流的圣地啊。我每次来都能遇到有趣的人。这么棒的聚会,我怎么可能错过呢?

安托诺　过奖啦!您请!

　　[莱布尼茨走上前去,和惠更斯(和阿诺·安托诺)打招呼。

莱布尼茨　您好!惠更斯先生!

惠更斯　您是?

莱布尼茨　我叫莱布尼茨!戈特弗里德·威廉·莱布尼茨。

安托诺　你们还是第一次见面?那就由我来介绍一下吧。(指着惠更斯道)惠更斯先生,我们这个时代最伟大的数学和物理学家之一。他因在数学、天文学和力学上的卓绝贡献而享誉世界。

莱布尼茨　(和惠更斯握手)我早就听说过惠更斯先生您的大名啦!很荣幸能在这里见到您本人!

安托诺　惠更斯先生,这位年轻的莱布尼茨——他可是个天才啊。20岁即获得博士学位,6年前他的《论组合的艺术》一书让他享誉欧洲。最近他的论文《新物理学假说》获得著名的前辈数学家约翰·沃利斯的赞赏。

惠更斯　哇,年轻人,有前途啊!

莱布尼茨　您谬赞啦!和名声赫赫的惠更斯先生您比,我还差得远呢!其实几年前,我计划在欧洲进行一次学术旅行——首选的途径就是"沿着莱茵河去往荷兰"。遗憾的是,计划中途搁浅。不然我想我早就可以见到惠更斯先生啦!

安托诺　那你今天算是来对了。在这里你们可以尽情畅聊!我就先去招呼其他客

人了。两位，请便！（阿诺·安托诺走向舞台另一边）

莱布尼茨　惠更斯先生，我最近有一个疑问，希望您可以为我解答。

惠更斯　好啊，你说，我们可以一起探讨探讨。

莱布尼茨　伽利略先生曾说自然之书是用数学语言写成的。数学真的具有如此神奇的力量吗？

惠更斯　伽利略首先在科学实验的基础上，融会贯通了数学、物理学和天文学三门知识，改变了人类对物质运动和宇宙的认识。正是他倡导的数学与实验相结合的这一研究方法让他在科学上取得如此非凡的成就啊。

莱布尼茨　对。是这样子的。

惠更斯　正是在对伽利略的研究上，我得以发现动力学的一些规律，这很大程度上有赖于数学工具的奇妙运用，因此我深信数学有着神奇的魅力！哈，或许上帝是依照完美的数学原则来创造世界的。

莱布尼茨　如此，我想请教先生，对于我这样一个对现代数学"略知皮毛"的人来说，我当学点什么呢？

惠更斯　你知道如何确定圆的面积么？或者说求一段抛物线的长？

莱布尼茨　不知，不知！请您指点。

惠更斯　如此，我请你先去思考下面的这样一个问题：试着求解这个无穷级数的和

$$1+\frac{1}{3}+\frac{1}{6}+\frac{1}{10}+\cdots。$$

对了，为此你可以先学习相关的文献，尤其是约翰·沃利斯的《无穷量计算》以及圣·文森特的《几何学的工作》，这些书中都涉及几何级数以及无穷项求和。

［在音乐和隐约的科学聊天里，灯光渐暗处。随后 PPT 上出现如下的字幕。

> 时间：1672—1676 年的某一天
>
> 地点：巴黎
>
> 人物：莱布尼茨,惠更斯

[灯亮处,PPT 上出现如下的问题：

Question：相关三角形数的倒数的无穷序列求和

$$1+\frac{1}{3}+\frac{1}{6}+\frac{1}{10}+\cdots$$

是多少?

莱布尼茨　惠更斯先生,谢谢您……1 个月前您给了我(指着 PPT 上的问题说)这样的一个很有趣的问题,并指引我学习前辈数学家的相关书籍……

惠更斯　哈,进展几何?

莱布尼茨　这些前辈数学家的书中涉及几何级数以及无穷项求和的哲思和方法,现在我知道了如何证明下面的这些无穷级数的和。

[PPT 上呈现如下的数学式

$$\frac{1}{2}+\frac{1}{4}+\frac{1}{8}+\frac{1}{16}+\cdots=1,\ \frac{1}{3}+\frac{1}{3^{2}}+\frac{1}{3^{3}}+\frac{1}{3^{4}}+\cdots=\frac{1}{2},$$

在惠更斯的微笑和颔首下,莱布尼茨续道：

莱布尼茨　更一般地,对任给的正整数 t,我们有如下的结论：

$$\frac{1}{t}+\frac{1}{t^{2}}+\frac{1}{t^{3}}+\cdots=\frac{1}{t-1}。$$

惠更斯　(微笑道)是的,正是如此!

莱布尼茨　正是在此基础上,如今我找到了当初您给我的那个有趣问题的答案。

惠更斯　(很有兴趣地说道)喔,说说看,说来听听——

[莱布尼茨在纸上画了一幅图，同时在相应的 PPT 上呈现下面的图画。

$$\begin{array}{cccccc} \text{A} & & \text{E} \ \text{D} & \text{C} & & \text{B} \end{array}$$

莱布尼茨　（然后笑着续道）经由 $AB=1$，$AC=\dfrac{1}{2}$，$AD=\dfrac{1}{3}$，$AE=\dfrac{1}{4}$，…… 可知

$$\frac{1}{1\cdot 2}+\frac{1}{2\cdot 3}+\frac{1}{3\cdot 4}+\frac{1}{4\cdot 5}+\cdots$$

$$=\left(1-\frac{1}{2}\right)+\left(\frac{1}{2}-\frac{1}{3}\right)+\left(\frac{1}{3}-\frac{1}{4}\right)+\left(\frac{1}{4}-\frac{1}{5}\right)+\cdots$$

$$=1,$$

于是我们有

$$1+\frac{1}{3}+\frac{1}{6}+\frac{1}{10}+\cdots=2!$$

（注释：上面的数学推导可经由 PPT 呈现）

[在一些时段的沉吟后。

惠更斯　（很是惊讶地道）真是奇妙，这可真是一个绝妙的解法呵！

惠更斯　我的朋友，你真是智慧绝伦！想不到在短短的一个月，你竟然就掌握了无穷级数求和的精髓啊！（稍作停顿后）哈，在这里，我很乐意来和你分享一个不一样的解法，一个属于我的解法。

[其后在 PPT 上动态地呈现惠更斯的这一方法：

$$1+\frac{1}{3}+\frac{1}{6}+\frac{1}{10}+\frac{1}{15}+\frac{1}{21}+\frac{1}{28}+\frac{1}{36}+\frac{1}{45}+\frac{1}{55}+\frac{1}{66}+\cdots$$

$$=1+\left(\frac{1}{3}+\frac{1}{6}\right)+\left(\left(\frac{1}{10}+\frac{1}{15}\right)+\left(\frac{1}{21}+\frac{1}{28}\right)\right)+\cdots$$

$$=1+\frac{1}{2}+\frac{1}{4}+\cdots=2。$$

莱布尼茨　有趣！有趣！数学真是有意思！

惠更斯　你很有天分，拙作名曰《钟摆》，请你抽空看看，下个月，我们再一起讨论好吗？

莱布尼茨　好的,好的,一言为定!

　　〔灯渐暗处,有旁白出。

旁　白　1672—1676 年,在巴黎的这段岁月,收藏有人类科学史上的又一曲传奇!
　　在惠更斯的指导下,莱布尼茨的天才又一次得到印证:在不到 4 年的时间
　　里,他从一个现代数学的懵懂少年,一跃成为微积分学的大师!

　　〔随后 PPT 上出现如下的字幕。

时间： 1672—1676 年的某一天

地点： 巴黎

人物： 莱布尼茨,惠更斯

［灯亮处,舞台上,莱布尼茨和惠更斯在科学探讨。

莱布尼茨　哈,先生……在阅读格雷戈里、费马、笛卡儿等人的著作……哈,特别是最近在阅读帕斯卡的《博纳维尔的来信》一文后,我获得了有关微积分的一些有趣的结果。

惠更斯　(很有兴趣的)请说,请说……让我们来听听——

［莱布尼茨试着在纸上画出(经由 PPT 呈现)下面的图画。

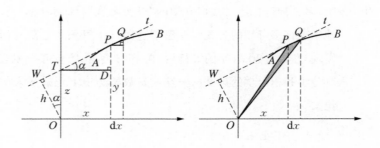

莱布尼茨　我们知道,为了求曲边图形的面积,帕斯卡将一个拥有无限小边长的三角形——(我们不妨称之为"特征三角形",莱布尼茨如是说)与圆周上的一点链接起来——

惠更斯　(点头道)是的。

莱布尼茨　这位法国数学家的计算方法是基于"特征三角形"与三角形 Oxy 之间的相似性。若我们将这一方法做了一般化的处理,比如将圆的半径代以曲线的法线,而将它运用到所有的曲线上。

［光影变幻里，以 PPT 呈现相关的数学内容。

惠更斯　（喃喃道）这真是一个非常漂亮的定理……在经过一个看似极其曲折的数学探索之旅——无限小三角形、切线、相似三角形后，一个微积分的绝妙定理，出人意料地走上数学的舞台，这真是如此美妙的一件事！

莱布尼茨　（最后语道）哈，先生。若将相关的结论代入到我们的变换定理里，则我们有

$$1 - \frac{1}{3} + \frac{1}{5} - \frac{1}{7} + \cdots = \frac{\pi}{4}。$$

惠更斯　这真是一个奇妙的级数——它的项遵循着一个极为普通的模式，然而最重要的是，这个看似不起眼的无穷级数的和竟然……竟然是 $\frac{\pi}{4}$！我的朋友，恭喜你！这在数学家中是一个值得永远记住的发现！

莱布尼茨　呵呵，对于我来说，这个发现的意义在于"第一次证明了圆的面积恰好等于有理数的一个级数"！

　　　　　［灯暗处，两人下。有旁白出。

旁　白　哈，多么神奇！经由微积分学的"魅力之盒"（Black-box），我们可以魔术般地发现许多奇妙的公式。在巴黎这段日子里莱布尼茨有诸多奇妙的数学发现，在经过近 10 年的等待后，在 1684 年和 1686 年分别发表了他的有关微分学和积分学的论文——这或是数学历史上正式发表的第一篇微积分论文。

　　　　　［随后 PPT 上出现如下的字幕。

时间：1684—1686 年某月
地点：伦敦一家时尚咖啡馆
人物：埃德蒙多·哈雷，罗伯特·胡克，克里斯托弗·雷恩，
店里其他客人

旁　白　话说牛顿在 1667 年自伍尔索普家中知识漫游归来，很快就获得巴罗的赏识，2 年后他被授予卢卡斯数学教授席位，但让他成为一代科学巨匠的一大理由则是他于 1687 年出版的《自然哲学的数学原理》。这卷书或是自古至今最伟大的科学巨著，它的起源可追溯到当年伦敦的一间时尚咖啡馆里……

〔灯亮处，舞台上，三人围着一桌而坐，一边啜饮着黑咖啡，一边在谈论着什么，聊着聊着，话题转换到有关重力的问题。

哈　雷　行星环绕太阳运转的作用力，会和其跟太阳的距离的平方成反比么？

〔另外两位都哈哈大笑了起来。

哈　雷　（有点不悦地续道）怎么，这个问题很可笑么？

胡　克　哈哈，是有点可笑。因为这最多只是一个假说，根据此原理得到的所有天体的运动定律都有待证明——

雷　恩　是的，用假说去获得结果并不困难，但要证明这个关系却又是另外一回事了。

哈　雷　据说艾萨克·牛顿已经很细致地研究过这一问题，说不定——

胡　克　（不由打断道）牛顿？哈哈，那个呆子，就只会躲在剑桥大学三一学院的围墙后面自我陶醉。他要是能证明这一定律，我名字倒过来写。（他又打了个哈哈）不过，本人其实在几年前证明过这个结论，只是现在还不愿意告诉大家。

哈　雷　你就吹牛吧！你既然证明了，怎么不说出来？

胡　克　哈哈，我这是谦让。我之所以这么做，只是不想使别人失去自己找出答案的机会……哈,我要将答案隐藏一段时间,等到别人试过并且失败之后再公布答案,好让大家知道这答案是有价值的。

哈　雷　切,诡辩!

胡　克　有本事你来啊!

哈　雷　来就来,敢不敢打赌。两个月,看谁能找到问题的答案。

胡　克　赌!谁怕谁啊!

雷　恩　好!那我就来做个见证。你们两个中间的一个谁能找到这个问题的答案,我将会给他价值20,不,是价值60先令的书作为奖品……

［众人下,旁白起。

旁　白　很快两个月过去了,没有人得到奖赏。雷恩逐渐对此问题失去兴趣,也听厌了胡克的自我吹嘘。可是哈雷却着了迷,他一定要找到这个问题的答案,于是他决定冒昧前往剑桥大学,来拜访牛顿。

［光影变幻,场面转换到剑桥大学牛顿的办公室,他在看着书,哈雷不请自来。

哈　雷　如果行星受太阳吸引,且它们之间的作用力和它们的距离平方成反比的话,您认为行星所走的曲线会是什么形状的呢?

牛　顿　(毫不犹豫地回答)椭圆形!

哈　雷　(既惊喜又讶异)您是怎么知道的?

牛　顿　怎么,是我计算出来的呀!

哈　雷　(非常期待地道)真的么?那可以把您计算的手稿给我看一下吗?

［牛顿在纸堆中寻找他的证明,可他找不到计算的草稿,于是他这样说道:

牛　顿　这个草稿估计找不到了。过几天我会重新计算一下,到时候寄给你。

哈　雷　那真是太好了!

［灯暗处,两人下。有旁白出。

旁　白　1684年的这个夏天,哈雷和牛顿的交往开始了。正是在哈雷的一再敦促之下,经过3年的等待,一部划时代的科学巨著,牛顿的《自然哲学的数学原理》，终于在 1687 年 7 月前后出版。这卷书以《几何原本》的模式写就，可谓是科学史上最伟大的著作。

〔而在欧洲大陆的另一边，同样天才的莱布尼茨却在为了探寻韦尔夫家族谱的研究，还有他的科学大百科计划忙碌着，时常往返于许多国家和各大城镇之间……

〔随后 PPT 上出现如下的字幕。

第六场　忙碌的身影

> 时间：1677—1707 年
> 地点：欧洲各地
> 人物：莱布尼茨和他的马车夫

　　这将是无声的一幕，或可以以哑剧的形式来展现莱布尼茨奔波于各大城市间忙碌的身影，他的科学和哲学上的许多发现或著作，则是在颠簸的马车上完成的！

　　在这里，或可以插入一些中国元素。

第五幕

第一场　天才间的战争

> 时间：1712 年　vs　1696—1710 年
> 地点：英国本土　vs　欧洲大陆
> 人物：牛顿一方：哈雷（E. Halley），阿巴思诺特（John Arbuthnot），伯内特（William Burnet），希尔（Abraham Hill），梅钦（John Machin），琼斯（William Jones），罗伯茨（Francis Robartes），博内（Louis Frederick Bonet），阿斯顿（Francis Aston），泰勒（Brook Taylor），棣莫弗（Abraham de Moivre），牛顿
> 莱布尼茨一方：莱布尼茨，约翰·伯努利（Johann Bernoulli），洛必达（Marquis de L'Hôpital），罗尔（Michel Rolle），伐里农（Pierre Varignon）

注释：这一场以跨越时空的模式，在同一舞台上同时呈现两边的戏剧。

[灯亮处，舞台上，出现双方的话剧人物如上。舞台的左半场有：哈雷，阿巴思诺特，伯内特，希尔，梅钦，琼斯，罗伯茨，博内，阿斯顿，泰勒，棣莫弗，还有牛顿列席；舞台的右半场有：莱布尼茨，约翰·伯努利，洛必达，罗尔，伐里农。

[舞台上，灯光转向左半场。

阿巴思诺特　各位，受英国皇家学会……啊哈，和艾萨克·牛顿爵士的委托，我们成立这样一个特别的委员会来进行关于微积分发明优先权之争的仲裁。哈哈……现在请允许我先来介绍委员会的成员们——

阿巴思诺特　这里是著名的天文学家哈雷院士，著名数学家亚伯拉罕·棣莫弗，威廉·琼斯和约翰·梅钦，我们年轻的后起之秀布鲁克·泰勒……还有亚伯拉罕·希尔，弗朗西斯·罗伯茨，路易斯·弗雷德里克·博内，弗朗西斯·阿斯顿，威廉·伯内特，再加上鄙人，约翰·阿巴思诺特！

［在提到自己的名字时，众人依次起身，还礼和点头。

阿巴思诺特　　那边还有我们尊敬的牛顿爵士，他将列席我们的这一仲裁活动！

　　　　　　　　［牛顿自一旁起身和点头，众人鼓掌。

　　　　　　　　［舞台灯光转向右半场。

莱布尼茨　　　（起身）朋友们，因为我们——欧洲大陆许许多多数学家的努力，尤其是
　　　　　　　雅各布·伯努利，约翰·伯努利和洛必达热情地推广，微积分学现在在
　　　　　　　欧洲大陆变得很是流行……

　　　　　　　　［在提到自己名字时，约翰·伯努利和洛必达点头还礼。

　　　　　　　　［随后舞台上的光影或随着人物说话而加以轻盈变换。

阿巴思诺特　　各位！最近十几年来，微积分学正在欧洲大陆变得流行。这一新的无穷
　　　　　　　小量的分析方法可应用到诸如——（稍加停顿）

伯努利　　　　（起身说）是的。这一新的无穷小量的分析方法可应用到诸如悬链线和
　　　　　　　最速降线的问题上——

阿巴思诺特　　额，是的。这一新方法可应用到诸如悬链线和最速降线这样的问题上，
　　　　　　　而这些曲线是被笛卡儿排除在外的，但它们却对于将数学应用到物理学
　　　　　　　来说则是极为重要的。

洛必达　　　　（起身说）正如莱布尼茨先生在著名的《学者期刊》上解释说，他的分析方
　　　　　　　法比笛卡儿的更有效，因为其可以处理这些超越曲线。

莱布尼茨　　　（起身）话说在约翰·伯努利的讲座的基础上，洛必达完成了有关微积分
　　　　　　　的第一本教材，这本书已在今年（那是 1696 年）出版。伴随这一教科书
　　　　　　　的成功，微积分作为一门学科，已被确立了！

阿巴思诺特　　嗨，先生们！这不能不让我们——英国本土的数学家们担心，这本应属
　　　　　　　于我们的荣誉将归结到欧洲大陆那边。而伟大的牛顿爵士……正是这
　　　　　　　一微积分方法的发明者！在牛顿爵士的笔下，这一方法叫做流数术！

洛必达　　　　（起身说）最近关于微积分发明优先权的争论在升级！请关注！英国老
　　　　　　　一辈数学家约翰·沃利斯在他的《数学作品集》的第三卷里，收录了一些
　　　　　　　莱布尼茨先生——您当初写给牛顿及其他人的数学信件。而我认为他

这样做的意图是为了将您的微积分方法——牛顿称其为流数术——的发明权加到牛顿身上。

泰　勒　是的,我们伟大的牛顿爵士正是微积分的发明人! 因此我们有必要夺回……哈,和捍卫微积分的发明权! 哈哈,我们当为了我们国家的荣誉而战!

哈　雷　对! 我们当为英国的科学荣誉而战!

莱布尼茨　(起身)喔,是么? 哈,对于我的信件在约翰·沃利斯先生的著作中被发表,我并不感到惊讶,因为这位杰出的数学家提前联系过我……我相信约翰·沃利斯先生作为学者的真诚,他会做得很公平的!

伯努利　(起身说)不! 我要说,当事关国家荣誉的时刻,沃利斯先生无法做到真正的公平! 你看他(表现得)更像一个"对于英国荣誉的强有力的捍卫者"!

莱布尼茨　(起身)沃利斯先生,正如你所说的,是一位英国荣誉的强有力的捍卫者,这应当被赞扬而不是被指责。国家间的竞争,当它不会致使我们相互指责的时候,反而会具有促使我们追赶或者超越他人的好处!

琼　斯　那么,我们又有什么理由或者证据说,牛顿爵士享有微积分发明的优先权呢?

〔有部分人附和。

洛必达　(起身说)哈哈,难道我们还需要理由么? 你看我们欧洲大陆的数学家的境界就是这么高! 你看莱布尼茨先生竟然不关心微积分发明的优先权呢!

伯努利　(起身说)可是为了欧洲大陆数学的荣誉,我们有必要为莱布尼茨先生捍卫其微积分发明的优先权!

泰　勒　荒谬! 可笑! 牛顿爵士早在 1666 年 10 月就写成了《流数术简论》! 正如我们大家知道的,这是历史上第一篇微积分论文!

梅　钦　嗯,只是……可是他的论文并没有发表,只是以手稿的形式在少数几个朋友和同事间传阅。而莱布尼茨 1684 年的微积分论文则是正式发表(在《学者通告》)的。

洛必达　　(起身说)嗯,要知道在莱布尼茨 1684 年发表的关于微积分的第一篇论文时,牛顿根本还没有见诸书面的东西,对于大多数欧洲大陆数学家来说,他的名字鲜为人知。

泰　勒　　但是莱布尼茨发表的论文和牛顿爵士的几乎没什么不同,只不过表达的用字和符号不一样罢了!因此我们有理由相信,莱布尼茨所谓的微积分其实就是剽窃牛顿的流数术,这一点,稍微有点数学功底的人就可以明白的!

棣莫弗　　是的。正如多年前……瑞士数学家杜里耶和苏格兰的约翰·基尔在他们各自的论文中所暗示的那样,莱布尼茨先生的微积分或许真的剽窃了牛顿爵士的流数术!

琼　斯　　如此我们得问一问,莱布尼茨又是如何做到这一点的呢?

罗　尔　　这是一定要的!为了我们欧洲大陆的荣誉,捍卫莱布尼茨先生的微积分发明权!哈,尽管说,对于莱布尼茨先生的微积分的严密性,我还存在这样那样的迷惑,比如其中关于高阶无穷大与无穷小的概念,还不是那么清晰。

伐里农　　嗨,伙计!我们可不能这样挑剔。毕竟微积分还仅仅是新生事物!它若想要拥有(欧氏)几何学证明中所具有的那样的明确性,还需要时间来等待!

莱布尼茨　(起身)是的,我们需要时间等待!但我觉得,微积分学上的无穷小量并不能被看作是"真实的事物",而应当是"简化了推理的过程,一种有如或者说类似于代数学中的虚根的理想概念"。

梅　钦　　哈,听说三十多年前(那是在 1673 年和 1676 年)莱布尼茨曾经到访过伦敦,那个时候他……不,那个时候牛顿爵士有没有和他聊过点数学,比如微积分什么的?

棣莫弗　　没有!他们俩从来没有见过面!

伯内特　　那……那么莱布尼茨到访伦敦时,又是和哪些人,比如和皇家学会的哪些科学家有过数学的切磋——哈,"数学上的亲密接触"呢?

希　尔　　那个时期我们英国皇家学会的秘书是……?

伐里农	(起身)冯特奈尔!哈,法国科学院的秘书冯特奈尔先生很是(非常)赞赏您的这一观点,他想为我们的微积分提供"形而上学的原理"呢!
棣莫弗	对了,莱布尼茨到访伦敦的那个时期,曾和皇家学会秘书奥尔登伯格,还有收藏家兼出版家柯斯林聊过数学,他们之间后来也有许多的通信往来。——额,只是这两位先生好像对牛顿爵士的流数术并不太了解。
博　内	那么莱布尼茨又是如何觅得牛顿爵士——微积分的哲思的呢?
莱布尼茨	(起身)或许他只是想开个玩笑!事情的真实情境或是,要说我们的无穷大和无穷小除了被看作是"理想事物"外还可以说点什么……连我自己也并不相信的!
哈　雷	但是我相信!……我想,哦,对了!在约翰·沃利斯先生的《数学作品集》里,不是收录有牛顿爵士和莱布尼茨的数学信件么……
洛必达	(起身说)哦,是的,莱布尼茨先生!在沃利斯先生著作里收录的那些数学信件里,您是否和牛顿有过微积分方面的数学交流?
哈　雷	(转向牛顿)哈,牛顿爵士,您和莱布尼茨的通信中,必然聊到了一些有关微积分的话题?!
牛　顿	是的!(三十)多年前,在我和莱布尼茨先生的通信中,我曾用隐喻的方式表明,我已经知道如何求极大值和极小值,以及作切线的方法……而这位所谓"最卓越"的科学家在回信中写道,他也发现了类似的方法!
琼　斯	隐喻的方式?牛顿爵士,您是否可以告知一些个中的详情?
莱布尼茨	(起身)喔,这是一个很不简单的问题!在我和奥尔登伯格先生、柯斯林先生、牛顿先生等人的通信中,我所看到的,更多的——或是与无穷级数相关的内容,而不是与牛顿爵士在微积分方面的先进成果有关。
洛必达	(起身说)但在沃利斯先生的著作里说,在牛顿写给您的信件里有这样的一段特别的文字。(形如下:

$$6accdce13eff7i3l9n4049rr4s8t12vx$$

哈哈,据说那里隐藏着微积分学的数学秘密?!

[在牛顿的首肯下,哈雷找出了约翰·沃利斯《数学作品集》附录信件里

的一段文字。PPT 上呈现形如下的文字片段

$$6accdce13eff7i3l9n4049rr4s8t12vx$$

众人相互望了望。

梅　钦	牛顿爵士，这段字谜的意思说的是……您可否告知我们个中的详情？
牛　顿	这段字谜给出了拉丁语句：Data aquatione quotcunque fluentes quantiates involvente，fluxiones invenire：et vice versa。其意思说的是，给定一个包含任意多个变量的方程以计算流数，或反之……
泰　勒	哈哈，这就对了……这里隐藏着流数术，也就是微积分学的数学秘密——因此我们有理由相信莱布尼茨剽窃了牛顿爵士的方法！
琼　斯	哈哈，这可真是深奥的谜题哈。我(们)可绝对猜不到其中的奥秘！
众人和声	厉害，厉害，牛顿爵士！这是一个深奥的谜题哈。我(们)可绝对猜不到其中的答案的。
泰　勒	(大声道)但是聪明绝顶如莱布尼茨者，肯定可以猜得其中的数学秘密！
莱布尼茨	(起身)这其中隐藏着微积分学的秘密？如此莫名其妙的一段文字，我怎么可能猜到这其中的秘密？额，再说当我收到这封"有着数学秘密"的信件时，我已经独立地发现了微分与积分的互逆关系，而无需再费心猜度。这……这实在是莫名其妙的谜语了！

〔在众人的继续争论里，灯渐暗，话语声或在继续。

声音 1	这真是一个绝妙的证据说明，莱布尼茨先生的微积分或许真的剽窃了牛顿爵士的流数术！
声音 2	不管如何，我们可以在此基础上，加上杜里耶、约翰·基尔的相关论文断言："莱布尼茨先生极有可能真的剽窃了牛顿爵士的流数术！"
声音 1	(约翰·伯努利)我们绝不会认同"莱布尼茨先生的微积分剽窃了牛顿的流数术"！如果真是这样，那我们都只不过是模仿牛顿的猿猴，无意义地重复着牛顿在很久之前就已经完成了的事情！
声音 2	(伐里农)是的！我们欧陆的数学家们在承认牛顿独立发明微积分的权利的同时，当全力支持莱布尼茨先生为自己保留同样的权利！要知道，在他 1675 年就获得微积分的相关成果后，并没有急着发表——而是等

待了 9 年才发表他的有关微积分的论文！在这段时间里，Mr. 牛顿完全可以有时间将他的发现公之于众的。

声音 3　　　（莱布尼茨）多谢同胞们的支持！……哈，不管如何，我会在有生之年，写一篇《关于微积分的历史和来源》的论文，来陈述我独立发明微积分背后的那些往事！

　　　　　　［灯暗处，众人下。有旁白出。

旁　白　　　这个由牛顿提议的由 11 人组成的仲裁委员会，其中大多是牛顿的朋友，在委员会成立不到六个月，报告就发表了，其中有三位最后任命的委员，才上任不到一个星期。仲裁委员会最后的结论是：依照这些理由，我们认为牛顿先生是微积分的第一发明人，且根据我们的意见，基尔先生在其论文里提出的相同主张，未曾伤害到莱布尼茨先生……

　　　　　　［随后 PPT 上出现如下的字幕。

> 时间：1716 年的某一天
> 地点：汉诺威,莱布尼茨的家中
> 人物：莱布尼茨及他的佣人丽萨

［时近黄昏,一阵阵凉风从打开的窗子直钻进来,屋内有些阴暗。

旁　白　4 年前的那场数学论战,给莱布尼茨的晚年生活带来了极大的负面影响。夕阳西下,他独自坐在窗边,回想起波折的数学往事,沉思绵绵……

［灯亮处,舞台的一角,莱布尼茨坐在窗边。丽萨从舞台的一边上,轻步走上前,双手搭在莱布尼茨的肩上,趴在他耳边道。

丽　萨　先生,不知我能为您分忧吗?

莱布尼茨　（摇头）你不会懂的。

丽　萨　起风了,到晚餐的时间了。

莱布尼茨　不知道现在巴黎是什么样子?

丽　萨　您又想以前的事了?

莱布尼茨　唉,恍如昨日啊。克里斯蒂安·惠更斯,我的老朋友,他见证了我发现微积分,帮了我太多。可惜啊,他已经不在了。在命运面前,我们显得多么弱小……

丽　萨　先生,丽萨真希望您能忘记那些伤心事。无论别人怎样说,支持您的人一直坚信:时间,会证明一切的!

莱布尼茨　是吗,是吗,是……吗。（喃喃自语中睡去）

丽　萨　（为莱布尼茨盖上毛毯）安心睡会儿吧,您太累啦。

［灯光聚拢到舞台一边,只照在莱布尼茨的身上,渐暗。放鼾声,PPT 写"梦境"。

［两人下。随后 PPT 上出现如下的字幕。

第三场　梦的镜像

> 时间：1716 年的某一天
> 地点：英国皇家学会
> 人物：约翰·伯努利（数学比赛的主持人），莱布尼茨，牛顿，
> 泰勒，雅各布·伯努利，英国皇家学会众院士（院士
> 1、2、3）

［这是一个梦境的空间：这里将呈现牛顿与莱布尼茨之间的一场数学
比赛。

［灯亮处，众人在舞台上。

约　翰　尊敬的先生们，按照我们 3 天前的约定，今天，在这里……我们有一场别开
生面的数学比赛。比赛的双方是尊敬的牛顿爵士和莱布尼茨先生……（分
别向牛顿和莱布尼茨看了看），请问两位都准备好了么？

莱布尼茨　是的。

牛　顿　（不屑地点头）请开始吧！

约　翰　这场数学比赛的题目是这样的：给定不在同一垂直线上的两点，一质点在
重力的作用下从较高点下降到较低点，问沿着什么样的曲线运动其所需的
时间最短？

院士 1　这个问题倒蛮有意思的……问沿着什么样的曲线运动时间最短？

约　翰　是的，这是个很有趣的问题，许多年前，伟大的伽利略先生曾关注过它……
它有一个很通俗的名称——"最速降线问题"。

院士 2　它难道不是一条直线？

约　翰　很显然，不是！

院士 3　是一段圆弧么？

171

约　翰　伟大的伽利略也是这么想的……可惜,这是错误的。

院士1　那么,这会是什么曲线?

约　翰　让我们看看当今世上最伟大的两位数学大师是如何回答这个问题的? 看看谁才是微积分学真正的大师吧!

　　　　⎡众人的目光转向牛顿和莱布尼茨,看到牛顿有点不屑地往莱布尼茨努了努嘴,像在示意他先答。

约　翰　为了表明这是一个很有挑战性的问题,我们且让双方有一段时间思考吧。额,这个时间是(他的目光转向众院士,有人提议说半个小时)……半个小时。

　　　　⎡众院士等待着,这半个小时如何过……恍惚间有一刻钟已过,约翰眼角到处,却看见莱布尼茨好像睡着了,他走进前去,小声道。

约　翰　莱布尼茨先生,这可是在紧张地比赛着呢! 你怎么可以睡着呢?

莱布尼茨　(努力睁开眼)哦,我有睡着吗? 哎,(打了一个哈欠)不好意思,最近在为布伦瑞克贵族忙于一些法务上的琐事,以至于……

约　翰　(小声道)先生,先生,请再想想……关于这个问题,我们其实在几年前一起交流过,在我的印象里,您曾有过这一问题的解,它的答案是……

泰　勒　(忽然大声道)先生们,各位同胞! 我们的牛顿爵士已经知道这个问题的解! 它是一条摆线!

约　翰　(朝向牛顿)牛顿爵士,是这样么?

　　　　⎡众人向牛顿投以几许期待的目光。

牛　顿　是的,这个问题的解答,正是许多年前克里斯蒂安·惠更斯先生所关注的等时曲线,也就是我们所相识的摆线! (在 PPT 上呈现摆线)

院士3　还记得许多年前,我曾和惠更斯先生相遇,那时候他在寻求找到这样的一条曲线:沿着曲线,一个物体在重力的作用下,从曲线上的任一点开始下降,都会花同样的时间到达曲线底部……后来听说他用几何方法展示这是一个摆线。

约　翰　牛顿爵士,能给出一些理由么?

牛　顿　　　嗯,这个问题的解答……其实可以与费马的时间最短原理有联系……

约　翰　　　(不由赞叹道)哈,正是如此,牛顿不愧是牛顿! 这个问题确实与费马的时间最短原理很有联系……这也正是我解答此问题的出发点! (有点急不可待,约翰喃喃自语着——)

约　翰　　　是的,无论如何,当我们发现摆线也是最速降线问题的答案时,我们既高兴又惊讶。带着欣赏,我们敬佩惠更斯,因为他首先发现,一个重质点沿着一条摆线下降时,无论它从摆线的什么地方开始下降,所用的时间都是一样的……但是,当我告诉你就是这个摆线,恰恰就是我们要求的最速降线时,你是否有几分惊讶呢!

院士1　　　真是太巧合啦!

牛　顿　　　哈,其实我还有一个有别于运用费马原理的很巧妙的解法,它构筑在布鲁克·泰勒的一个定理之上!

泰　勒　　　真荣幸,尊敬的爵士先生!

约　翰　　　真的么? 这里蕴藏着微积分多少的奇妙呢。

旁　白　　　莱布尼茨是多么的沮丧,这个问题的解竟然联系着克里斯蒂安·惠更斯的摆线,它其实离他非常的近,只是这几天或许因为忙于生活琐事,以至于……哎!

　　　　　　[在众多院士的恭维声中,莱布尼茨忽然听到有一个声音在他身边响起。

雅各布　　　这其实并不是多么值得骄傲的东西,这样的思想曾出现在多年前我的一篇数学论文上,这是一种广义的微积分,就是我们称之为变分法的东西。多年后,在欧拉和拉格朗日的笔下,变分法有着很完美的蓝图,它可以解决许多很多年前的问题……

　　　　　　[莱布尼茨回首处,大为惊讶。

莱布尼茨　亲爱的雅各布,原来你还活着! 真是太好啦!

雅各布　　　(有点神秘地说)尊敬的先生,我只是在您的梦中……如若您不是在您的有生之年有太多的俗事琐事无聊之事,以您的天才和智慧专注于数学微积分的世界,您当可在数学上超越牛顿爵士,哪里还有将来欧拉和拉格朗日的关于变分法的伟大发现呢！纵使改变，依然故我，我们在天堂见！

莱布尼茨　亲爱的雅各布，或许只有你才是真正懂得我的人，就像当初你活着的时候，你比我还懂得微积分的价值……

　　　　　［灯暗处，舞台上众人下。有旁白出。

旁　白　声音一：（莱布尼茨）纵使改变，依然故我（Eadem mutate resurgo）。
　　　　　声音二：（丽萨）（摇晃莱布尼茨，哭）先生，先生！……
　　　　　声音三：那场有关微积分优先权的论战让莱布尼茨很受伤！他的晚年过得有点凄凉，以至于在他离别尘世的时候，他的葬礼却是如此简单。唯有他的秘书和那挥动铁锹的工人，还有泥土落在棺木上的声音……

　　　　　［随后 PPT 上出现如下的字幕。

第四场　葬礼曲

> 时间：1716 年　vs　1727 年
> 地点：欧洲大陆汉诺威 vs 英国威斯敏斯特教堂
> 人物：不知有多少，可酌情安排群演

注释：或可模仿论战曲，在左右两场同时进行，来演绎两位科学巨人的葬礼曲。
灯暗处，众人下。随后 PPT 上出现如下的字幕。

第六幕

第一场　物镜天哲

> 时间：2016 年的某一天
>
> 地点：华东师大紫竹音乐厅
>
> 人物：数学嘉宾 $\int_{Ecnu}^{Math}$ 和 $\mathrm{d}x$，柳形上，现场的观众朋友们

〔PPT 上呈现：$\int_{Ecnu}^{Math} WE(x)\,\mathrm{d}x = MC$。

〔灯亮处，舞台上依然是最初的场景。

柳形上　　观众朋友们，欢迎回到《竹里馆》的节目现场。让我们再次用热烈的掌声感谢两位嘉宾为我们分享的精彩故事！（此处有掌声）

柳形上　　嗨，遥想当年，17 世纪的欧洲，那真是一个天才辈出的时代！想不到在微积分学的背后，竟有如此精彩的故事！（停了停）额，不知两位嘉宾以为，是谁发明了微积分？

〔$\int_{Ecnu}^{Math}$ 和 $\mathrm{d}x$ 相视一笑。

$\mathrm{d}x$　　我想我们的回答是——并不重要！历史已经公正地告诉我们说，（他指着 PPT 上的这一经典公式）微积分学的这个基本定理亦叫做"牛顿-莱布尼茨公式"！

$\int_{Ecnu}^{Math}$　　哈哈，我更喜欢你问我们这样一个问题：在牛顿和莱布尼茨这两位科学巨匠里，你喜欢谁？那么，我们的回答是……

柳形上　　额，那你们的回答会是谁呢？

$\mathrm{d}x$　　我们的答案毫无疑问，当然会是莱布尼茨！

柳形上　　莱布尼茨……那又为何？

$\int_{Ecnu}^{Math}$ 哈哈，因为与隐士版的牛顿不同，莱布尼茨乐于与人打成一片并享受生活的乐趣！

$\mathrm{d}x$ 哈，说到喜欢莱布尼茨……至少还有一个缘由，相信在座的朋友们会喜欢他。

柳形上   （有点好奇地）是什么？

$\mathrm{d}x$ 哈哈，这个缘由就是，莱布尼茨是最早研究中国文化的欧洲人之一，他独具慧眼地发现了中国古代的《易经》里的八卦和他所发明的二进制之间的联系！在莱布尼茨眼中，"阴"与"阳"或就是他的二进制的中国版。

$\int_{Ecnu}^{Math}$ （喃喃语道）莱布尼茨曾如是说，0 与 1，一切数字的神奇渊源……这是造物的秘密美妙的典范，因为，一切无非都来自上帝。

柳形上   哈，相信我们今晚又会增添许多——莱布尼茨的 fans。

$\mathrm{d}x$ 哈哈，期待 ing……

柳形上   唉，可惜莱布尼茨先生晚年凄凉，让人觉得心疼啊。而且，由于这一数学争论，英国学派还割断了他们与欧洲大陆数学家们之间的联系，致使英国的数学研究整整停滞了一百年！（稍停了停），这不能不说，是英国数学——嗯，也是世界数学的一大损失啊！

$\int_{Ecnu}^{Math}$ 是的。话说在莱布尼茨微积分的基础上，欧洲大陆的数学家们在科学研究上取得了飞速的进步，大大超过了英国本土的数学家。所以某种意义上，莱布尼茨输了这场战役，却赢得了整场战争。

$\mathrm{d}x$ 嗯，所以这一数学故事告诉今天的我们，科学是没有国界的！科学的交流就应该跨越国界，超越种族！（两位数学嘉宾的手握在一起）就像我们俩之间的遇见，造就了神奇的"牛顿-莱布尼茨公式"！（借助两位嘉宾的手语可组合一则积分公式的图画）

柳形上   （鼓掌）两位说得太好了！看来任何一门学科的完工都是数学大师们集体智慧的结晶，而不是某位天才的个人秀！我想现代微积分学的大厦的建成也是这样的。

$\displaystyle\int_{Ecnu}^{Math}$ 、dx　（同时点头,语道）正是这样！

柳形上　呵,不知不觉说了这么长时间。看来数学的故事总是说不完的。在我们的节目接近尾声的此时此刻,有请两位数学嘉宾给在座的朋友们一些寄语吧！

$\displaystyle\int_{Ecnu}^{Math}$　哈,微分先生,不然你先说?

dx　好吧,我先说。阅读数学,请多多向我们的大师们学习！ 嗯……比如你可以读读莱布尼茨 1673 年关于“那一级数”的推导;康托尔 1874 年关于连续统是不可数的证明;或者魏尔斯特拉斯构造的那一枚如此独特的,（那一）处处连续但处处不可微的函数,或许从其中你可以体验到数学最深奥的想象力……还有,别忘了多和他人交流！ 和你的同事、朋友,甚或是你的学生们！

$\displaystyle\int_{Ecnu}^{Math}$　呵呵,myself……我想告诉在座的朋友们的是,可以多去我们这边校园图书馆门前的草地上走走,那可是一个奇妙的所在呵：蕴藏有莱布尼茨笔下的“二进制”和中国文化“阴阳鱼”的哲思。最有趣的是,在那太极图路尽处的两边,正好坐落着华东师大的物理学系和哲学系——想想看,这是多么和谐的一阕景致呢！

柳形上　哈哈,不瞒两位说,这正是我们今晚演出的这部原创数学话剧——缘何叫做《物镜天哲》的一大理由呢！

$\displaystyle\int_{Ecnu}^{Math}$ 、dx　哈哈……这真是心有灵犀一点通呵！

柳形上　嗯哈,感谢两位数学嘉宾来我们的节目做客,这里有两卷小礼物给两位——这是我们系的本科生数学杂志《蚁趣》特刊。谢谢两位！

dx　等一下！ 我们还有最后一句话！

$\displaystyle\int_{Ecnu}^{Math}$ 、dx　（两人各拿着书卷一道合唱）对面的女生看过来,看过来,看过来……不要被微积分的面具吓坏,其实我们很可爱！

柳形上　哈哈,这一期的《竹里馆》到此结束,谢谢在座的各位朋友们！ 让我们期待明年的精彩!

旁　白　　今年是独特的一年——300 年前,天才的莱布尼茨黯然离世。我们谨以此话剧的舞台,缅怀这位千古绝伦的智者!……希望今日的话剧让我们更懂得"蚁趣"的精神,带给我们数学阅读的力量! 同学们,加油! 朋友们,加油! 为了数学,也为了我们自己!

《物镜天哲》注释角

"微积分是现代数学取得的最高成就,对它的重要性怎么估计也是不会过分的。"

20 世纪最重要的数学家之一,被誉为"博弈论之父"的冯·诺伊曼(John von Neumann)先生曾如是说。

现如今,在微积分创立 3 个多世纪之后,它依然值得我们这样赞美。微积分是一座神奇的数学桥,它引领着我们从基础性的初等数学走向富有挑战性的高等数学,从有限量转向无限量,从离散性转向连续性,从肤浅的表象转向深刻的本质。

微积分的创立在人类文明史上具有划时代的意义。微积分为我们开辟了数学的新时代,微积分给数学注入了旺盛的生命力,使数学获得了极大的发展,取得了空前的繁荣。诸如微分方程、复变函数、微分几何等众多数学分支应运而生。微积分开创了科学的新纪元,并因此加强和加深了数学的作用。有了微积分,人类才有能力把握运动和过程,有了微积分就有了工业革命,有了大工业生产,也就有了现代化的社会。航天飞机、宇宙飞船等现代化的交通工具都是微积分的直接产物。微积分还在现代化学、生物学、地理学等学科,以及在人文社会科学领域中都有着极其广泛的应用。

《物镜天哲》的话剧主题是"微积分的创始"。希望经由话剧的形式一道来分享数学科学历史上这一伟大创举的相关画面。

1. 微积分的创始

当时间的步履来到 17 世纪,两位科学巨匠伽利略(Galileo Galilei,1564—1642)和开普勒(Johannes Kepler,1571—1630)的一系列发现,导致了数学从古典数学向现代数学的转折。自然科学,特别是天文学和力学等学科的发展都需要一种新的数学工具,这就是研究运动和变化过程的微积分。

微积分的创始有着一段漫长的历程。人们在寻求图形的面积、体积和弧长的问题上引出了求和过程,导致了积分学的产生。而在求作曲线的切线问题和求函数的极大值、极小值问题时导致了微分学的产生。历史上,积分学先于微分学,而不是像今天的大学微积分课程里所讲授的那样,先微分后积分。

积分学的起源可以追溯到遥远的古希腊时代。在数学家欧多克索斯和阿基米德的一些工作中,蕴含有微积分思想的早期萌芽。而在古代中国的数学中,亦收藏有朴素的微积分思想,魏晋时期的数学家刘徽因其在割圆术等方面的创造而被认为是微积分的先驱者之一。微积分主要来源于对四类问题的研究:面积、体积、弧长问题,位移、速度、加速度关系问题,切线问题,最值问题。有许多数学家在这些问题的研究上作出了贡献,这其中有卡瓦列利(Bonaventura Cavalieri,1598—1647)、笛卡儿(R. Descartes,1596—1650)、费马(P. de Fermat,1601—1665)、沃利斯(J. Wallis,1616—1703)和巴罗(I. Barrow,1630—1677)等。在经过了半个世纪的酝酿和等待后,微积分迎来了牛顿(Isaac Newton,1642—1727)和莱布尼茨(Gottfried Wilhelm Leibniz,1646—1716)的出场,他们独立地完成了微积分创立过程中最后也是最关键的一步。牛顿和莱布尼茨的超越前人的贡献,不在于发现求切线和求面积的方法,而是给出了一般的无穷小算法,同时又找出了微分学和积分学的互逆关系。在此基础上各自独立地创立微积分。其后经年,在众多数学家的努力下,微积分学得以发展成为现代数学的大厦。现如今,这一学问已成为人类文明中的瑰宝。

　　(1) 牛顿与微积分

　　1661 年 6 月,牛顿进入剑桥大学三一学院读书。他从笛卡儿那里,学到了解析几何;从开普勒那里,继承了行星运动的三大定律;而从伽利略那里,懂得了科学的思维方法。在剑桥,巴罗教授对他的影响甚大。

　　牛顿对微积分问题的研究始于 1664 年秋,当时他正在剑桥大学读书。他因对笛卡儿的圆法产生兴趣而开始寻找更好的求切线方法。后来由于黑死病在英国流行,大学关闭了,牛顿回到他的家乡伍尔索普进行科学沉思。1665 年 11 月,牛顿发明了"正流数术"(微分法),次年 5 月又建立了"反流数术"(积分法)。1666 年 10 月,牛顿将前两年的研究成果整理成一篇总结性论文,此文现以《流数简论》著称。这是历史上第一篇系统的微积分文献。在这篇论文中,牛顿通过揭示微分和积分的互逆关系而将两者统一为一个整体。尽管如此,这一论文在许多方面还是不成熟的。在其后的大约四分之一世纪的时间里,牛顿不断完善自己的微积分学说,先后写成了三篇微积分论文:《分析学》(1669)、《流数法》(1671)和《求积术》(1691)。它们真实地再现了牛顿创建微积分的思想历程。

　　(2) 莱布尼茨与微积分

　　如若说 1666 年对牛顿来说是创造奇迹的一年,那么 1666 年也赋予莱布尼茨以独特而重要的科学使命。在他称之为"中学生随笔"的《论组合的艺术》中,这个 20 岁的年轻人立志要创造一种使一切严格推理都归于符号的技术。这个科学百科式的工程需要时间来完成。直到 1672 年，莱布尼茨对他那个时代的数学几乎还一无所知。后来，在巴黎外交工作之余他碰到了荷兰数学家惠更斯，在惠更斯的指导下他接受了真正的数学教育。莱布尼茨一下子被数学的魅力迷住了。正是在巴黎三年多的日子里，莱布尼茨得到了一些微积分学的基本公式，还发现了微积分基本定理。1684 年，莱布尼茨在《教师学报》（Acta Eruditorum）上发表了他用拉丁文写的第一篇微分学论文，这也是数学史上第一篇正式发表的微积分文献。两年之后的 1686 年，莱布尼茨发表了他的第一篇积分学论文，其中讨论了微分与积分，此即切线问题与求积问题的互逆关系。

与牛顿发明微积分的运动学背景不同，莱布尼茨创立微积分首先是出于对几何学问题的思考。1673 年，他因在帕斯卡的有关论文中获得启迪，而提出自己的"微分三角形"理论。在对微分三角形的研究中，莱布尼茨逐渐认识到了什么是求曲线切线和求曲线下的面积的实质，并发现了这两类问题的互逆关系。由此他建立一种更一般的算法，并将以往解决这两类问题的各种结果和技巧加以统一。

纵观微积分创立的历史之旅，还有众多的数学科学人物传奇。

2. 话剧中的科学人物

艾萨克·牛顿（Isaac Newton，1642—1727），人类历史上最伟大、最有影响力的科学家之一，被誉为"物理学之父"。作为经典力学的建筑师，他以三大运动定律和万有引力定律享誉物理学的世界。他在数学上的名声则源自著名的牛顿二项式定理和微积分的创始！

艾萨克·牛顿

牛顿于 1642 年 12 月 25 日出生在英格兰林肯郡乡下的一个小村落中的伍尔索普庄园（Woolsthorpe）。在牛顿出生前三个月，他的父亲去世了。由于早产的缘故，新生的牛顿十分瘦小，据说小得可以用一夸脱（1.1365 升）容量的杯子就能把他装下。三岁那年，他的母亲改嫁，留下牛顿与他的外祖母一起生活。

牛顿或许并不是一个早慧的孩子。不过，在他的童年时代，牛顿就显示出了无可比拟的实验才能，这位小小少年发明了许多奇怪的东西：带着灯的风筝，构造极好而且会工作的机械玩具——水车，可以走动的木头钟……另外，牛顿还博览群书。

大约从十二岁起，牛顿在格兰瑟姆国王学校接受教育，学习拉丁语和希腊语，可能还有数学。在那里他只是偶尔显露他的天资。其间再一次守寡的母亲让牛顿退学回家帮助管理农场。幸运的是,在他的舅舅威廉·艾斯库和格兰瑟姆国王学校校长约翰·斯托克斯的劝说下,他的母亲终于同意送牛顿到剑桥大学读书,而不是把他留在身边。

1661 年 6 月,牛顿进入剑桥大学三一学院读书。尽管他想要得到一个法学学位,可是他发现自己对哲学、自然科学和数学更感兴趣。关于牛顿大学生活的记录,甚为稀少。不过在他的笔记本中,牛顿记录下了影响过他的书中的一些有关思想,以及在哲学、自然科学和数学等领域中的原创性想法。4 年后的 1665 年,牛顿完成了本科毕业论文,并获得了学士学位。

1665 年 6 月,欧洲黑死病再次流行,大学关闭了。牛顿回到他的家乡伍尔索普庄园躲避瘟疫,度过了一段忙碌而富有创造力的时光。在近两年的这段时间里,他获得他在数学和物理学上的诸多哲思和观点,这些伟大的思想成就了他一生中最重要的三大发现——微积分的创始、光学理论和引力理论。1667 年,牛顿回到大学继续读书,并于第二年获得硕士学位。由于他的老师巴罗教授的推荐和让位,牛顿在 1669 年被任命为剑桥大学第二任卢卡斯数学教授,成为巴罗的数学继任者。他在剑桥工作 32 年之久,直到 1701 年辞去大学的教职。在随后的 1703 年,牛顿当选为英国皇家学会的会长。1705 年,被安妮女王封为爵士。1727 年 3 月 20 日,他在睡梦中安然长逝,后被安葬在威斯敏斯特教堂。

Nature and nature's laws lay hid in night;God said,"Let Newton be!"and all was light.(自然与自然的定律都隐藏在黑暗之中;上帝说"让牛顿来吧"!于是,一切变为光明)

这是牛顿的朋友,18 世纪英国最伟大的诗人亚历山大·波普(Alexander Pope)为牛顿写下的墓志铭。

牛顿是一位科学巨匠。除了在数学上创立微积分之外,他还在物理学、天文学和光学上做出非常重要的贡献。牛顿、阿基米德与高斯被公认为从古到今最伟大的 3 位数学家。

在最后,让我们阅读一下他的一段名言:

"我不知道世人怎样看我;可我自己认为,我好像只是一个在海边玩耍的孩子,不时为拾到比通常更光滑的鹅卵石或者更美丽的贝壳而欢欣,而展现在我面前的是,完全未被探明的真理之海。"

这些话是牛顿在其生命行将结束时对自己的评价,其中也蕴藏着这位科学大师富有传奇的一生里说不尽的数学科学故事。

戈特弗里德·威廉·莱布尼茨（Gottfried Wilhelm Leibniz，1646—1716），德国哲学家、数学家。他是一个百科全书式的学者，涉及的领域还有法学、力学、光学、语言学等40多门学科。莱布尼茨被誉为17世纪的亚里士多德。这位先生，他和牛顿先后独立发明了微积分，许多非常巧妙简洁的数学符号源自他天才的笔触。

戈特弗里德·威廉·莱布尼茨

莱布尼茨于1646年7月1日出生在莱比锡。他的父亲弗雷德里希·莱布尼茨是莱比锡大学的伦理学和哲学教授。父亲在莱布尼茨6岁时过世，留下了一个藏书丰富的私人图书馆。1653年，莱布尼茨进入莱比锡的尼古拉学校读书，在那里学习了历史、文学、拉丁语、希腊语、神学和逻辑学。除此之外，他还在家中的图书馆里不受约束地读书，广泛的阅读这一习惯一直贯穿了莱布尼茨的一生。

1661年，15岁的莱布尼茨进入莱比锡大学学习法律，不过法学并没有占据他的全部时间。在大学的前两年，他广泛阅读哲学著作，第一次知道了现代哲学家们，或者"自然"哲学家们，如开普勒、伽利略和笛卡儿所发现的新世界。1663年夏，莱布尼茨到奥地利的耶拿大学访问，并在那里学习了代数与几何学的相关课程。回到莱比锡后，他把精力集中在法律上。其间他酝酿了两篇论文，来为他的法学博士学位做准备。正是在这些年，牛顿在伍尔索普乡居，开始他在数学科学上的伟大发现。

1666年对牛顿来说是创造奇迹的一年，对莱布尼茨来说也是伟大的一年。在他称之为"中学生随笔"的《论组合的艺术》中，20岁的青年立志要创造出"一个一般的方法，在这个方法中所有推理的法则都要简化为一种计算。同时，这会成为一种普适的语言或文字，但与迄今为止设想出来的那些全然不同；因为它里面的符号甚至词汇要指导推理；而错误，除去那些事实上的错误，只会是计算上的错误。形成或者发明这种语言或者符号会是非常困难的，但是不借助任何词典，也能很容易懂得它"。

莱布尼茨的普适符号语言之梦，需要等待许多年，最终或将被发展为形式数学逻辑的系统。终其一生，莱布尼茨都在为自己的这个青年时代的梦想而努力。

或许是由于嫉妒而恼怒，或许因为莱布尼茨太年轻，莱比锡大学的教师们拒绝授予莱布尼茨博士学位。这促使天才的莱布尼茨遗憾地离开了家乡，前往纽伦堡。1666年11月5日，莱布尼茨在纽伦堡的阿尔特多夫大学获得博士学位，且被请求接受该大学的法学教授职位。但是，有意思的是，莱布尼茨竟然拒绝了这个教职。回望处，如若当时莱布尼茨真的接受了这个教授席位，历史将会重新谱写属于他的科学传奇。

一直到1672年，莱布尼茨对他那个时代的现代数学几乎还是一无所知。因为外交工作,莱布尼茨来到科学的都市巴黎。在那里,他遇见荷兰数学家,那个时代最伟大的物理学大师克里斯蒂安·惠更斯。惠更斯送给莱布尼茨一份自己关于钟摆的数学著作。莱布尼茨被数学方法在行家手里产生的力量迷住了,他请求惠更斯给他上课。惠更斯很高兴地答应了。正是在惠更斯先生的指导下,莱布尼茨开始了现代数学的学习和微积分的创造之旅。

1673 年 1 月到 3 月之间,莱布尼茨访问了伦敦。在伦敦期间,莱布尼茨见到了一些英国数学家,参加了英国皇家学会的会议,他在那儿展出了他的计算机器。并因其他工作,他在 1673 年 3 月回到巴黎之前,被选为英国皇家学会的外籍会员。

在 1677 年到 1704 年期间,莱布尼茨的微积分学已经在欧洲大陆发展成了一个显示真正力量并很容易应用的工具,这主要是由于瑞士的伯努利兄弟——雅各布·伯努利和约翰·伯努利,法国数学家洛必达等人的努力。而在英国,微积分还依然是一个相对来说未经试用的新奇事物。一场有关微积分发明优先权的论战,伴随 18 世纪的脚步,在英国数学家和欧洲大陆数学家之间风云将起。

在数学上,莱布尼茨的普适性与牛顿的不偏不倚形成了截然相反的对照,牛顿认为在把数学推理应用到物质世界的现象中,只有一种工具(微积分)是重要的;而莱布尼茨则认为有两种(微积分和组合分析)。微积分学是连续的自然语言;组合分析之于离散就像微积分之于连续。莱布尼茨是组合分析这个领域中的先驱,他是首先认识到逻辑——“思维的规律”——的结构就是组合分析的人之一。他在“普适符号”上的哲思超越他的时代两个多世纪。莱布尼茨集数学思想的两个宽广的、对偶的领域(分析与组合,或者说离散和连续)中的最高能力于一身,这是前无古人的。

除了微积分和《论组合的艺术》,莱布尼茨还有一个重要的数学发现是二进位制,他用数 0 表示空位,数 1 表示实位。这样一来,所有的自然数都可以用这两个数来表示了,例如,$3 = (11)_2$,$5 = (101)_2$,$17 = (10001)_2$。有如他后来知道的,古代中国的《易经》八卦里就隐藏着这个奥妙。

1716 年 11 月 14 日,一个毫无特殊意义的日子,莱布尼茨在汉诺威去世,最后下葬在一座极为普通的墓地,如同 E. T. 贝尔所描绘的,只有他的秘书和挥舞铁铲的工人听到泥土落在棺木上发出的声音。

在莱布尼茨身后 300 多年的今天,他作为一个数学家的名声,要比他的秘书跟着他的灵柩走向墓地之后的许多年高大得多,并且还在继续上升。

在《物镜天哲》的话剧故事中,有一位很是独特的人物,他是莱布尼茨的父亲,弗雷德里希·莱布尼茨。

弗雷德里希·莱布尼茨（Friedrich Leibniz，1597—1652）出生在阿尔滕堡，1622 年在莱比锡大学获得硕士学位，并成为大学管理专业的精算师。在 1646 年期间，他是莱比锡大学伦理学和哲学教授。1646 那年迎来一个天才儿子——戈特弗里德·威廉·莱布尼茨的降生。关于他的生平，我们知之不多，不过有意思的是，经由数学家谱图引（Mathematics Genealogy Project），我们可以惊奇地发现，他有许多数学"后代"，其中包括著名的德国数学家高斯。从这一点来看，弗雷德里希·莱布尼茨可谓是一位伟大的科学传承者。

弗雷德里希·莱布尼茨

在《物镜天哲》的第四幕第二场，除了莱布尼茨，还出现其他一些话剧人物：克里斯蒂安·惠更斯、尼科尔、伯特、加尔加维、卡西尼和阿诺·安托诺等，这里让我们来简单聊聊其中的两位科学人物：克里斯蒂安·惠更斯和卡西尼。

克里斯蒂安·惠更斯（Christiaan Huygens，1629—1695），荷兰物理学家、天文学家和数学家。作为连接伽利略与牛顿的一位重要的物理学先驱，惠更斯被公认是 17 世纪最伟大的物理学家之一……相约这一数学话剧，他是莱布尼茨在现代数学上的引路者。

克里斯蒂安·惠更斯

惠更斯于 1629 年 4 月 14 日出生在海牙。他在一个极具有教育和文化传统的家族中长大，惠更斯自小在家中接受父亲和私人教师的教育，一直到 16 岁。作为一个非常天才的学生，惠更斯在幼年就展示出了非凡的洞察力和动手能力，13 岁时他曾自制一台车床。话说从 1645 年 5 月到 1647 年 3 月，惠更斯在莱顿大学学习法律与数学，期间他不单学习了经典数学，还学习了韦达、笛卡儿、费马等人的现代方法。同时，在父亲的影响下，他开始了与梅森等科学家之间的通信。那些年，阿基米德、笛卡儿等科学家的工作深深地影响了年轻的惠更斯。其后的 1647 年，惠更斯转入布雷达的奥兰治学院深造。终其一生，惠更斯致力于力学、天文学及数学的研究。并且在诸多领域作出了出色的贡献。著名的惠更斯原理见证惠更斯在光学上的重要贡献，正是在此原理的基础上，他推导出了光的反射和折射定律，圆满地解释了光速在光密介质中减小的原因，同时还解释了光进入冰洲石所产生的双折射现象。在天文学上，惠更斯设计制造的光学和天文仪器精巧超群，比如他磨制了透镜，改进了开普勒的望远镜。正是利用自己研制的空中望远镜，惠更斯解开了一些由来已久的天文学之谜。惠更斯还是创建经典力学的先驱。在伽利略的工作基础上,惠更斯研究和阐明了许多动力学概念和规律,他关于圆周运动、摆、物体系转动时的离心力等问题的研究对于后来牛顿发现万有引力定律起了一定的促进作用。1663 年,他被聘为英国皇家学会第一个外籍会员。1666 年,惠更斯又被选举为法国皇家科学院的院士。这些都是了不起的荣誉。惠更斯一心致力于科学事业,终生未婚。1695 年 7 月 8 日,他逝世于家乡海牙。

回到数学的天地,惠更斯无疑还是一位出色的数学家。他曾对一些奇妙的曲线——比如悬链线、蔓叶线、摆线、对数螺线等都进行过比较深入的研究,1657 年发表的《论赌博中的计算》,则显示了他在概率论领域上的造诣。在惠更斯的一生中,曾多次造访科学的都市巴黎,而在 1672 年前后,当他再次来到巴黎时,莱布尼茨有幸与这位科学大师相逢。正是在惠更斯的引导下,懵懂的天才少年莱布尼茨才开始了现代数学的学习和微积分的创造之旅,进而一跃成为数学大师。惠更斯的科学人生,因为遇见莱布尼茨而倍添精彩。这位数学与物理学的大师,著有《惠更斯全集》共 22 卷,除了那一部具有重要影响力的《论钟摆的运动》,他还写有一部很有趣的书《被发现的天上的世界》。

多米尼克·卡西尼(Giovanni Domenico Cassini,1625—1712),他是一位数学家、天文学家和工程师。

卡西尼于 1625 年 6 月 8 日出生在佩里纳尔多,他在意大利长大并接受教育。少年时代他即表现出极大的求知欲,对诗歌、数学和天文学特别感兴趣。然而,他的第一个兴趣是占星术而不是天文学。他对这个主题进行了广泛的阅读,并确信在占星学预测中没有真相。渊博的占星知识为他赢得了广泛的声誉。1650 年,卡西尼成为博洛尼亚大学的数学和天文学教授。由此进一步进行了一系列天文学研究。1669 年,卡

多米尼克·卡西尼

西尼移居法国,并通过法国国王路易十四的赠款和帮助建立了巴黎天文台,该天文台于 1671 年开放。他在天文台主导工作,直到他于 1712 年去世。1673 年 7 月 14 日,卡西尼加入法国籍。卡西尼以其在天文学领域的工作而闻名。在巴黎天文台,他用望远镜获得了革命性的发现。卡西尼是第一位发现土星四颗卫星的科学家。他在 1675 年还发现土星光环中间有条暗缝,这就是后来以他名字命名的著名的卡西尼环缝。他猜测,这些光环是由无数的微小卫星构成的。两个多世纪后的分光观测证实了他的猜测。另外还值得一提的是,经由卡西尼子孙三代的努力,最后完成了法国国家的第一

张地形图的制作。不过，有意思的是，卡西尼是一位保守的天文学家，他拒绝接受哥白尼的日心说，也反对开普勒定律、牛顿的万有引力定律和光速有限说。

当代人类探测土星的探测器"卡西尼号"即以他的名字命名。这里延伸着这位 17 世纪的天文学家和数学家的科学传奇。

在话剧《物镜天哲》的"第四幕第五场　物理学的诗篇"那一场中，出现有三位科学人物，他们是埃德蒙多·哈雷，罗伯特·胡克和克里斯托弗·雷恩。这里有他们的故事如下。

埃德蒙多·哈雷（Edmond Halley，1656—1742），英国天文学家、数学家和物理学家。

哈雷于 1656 年 11 月 8 日出生在伦敦东部的哈格斯顿。小时候，哈雷即对数学非常感兴趣。他先是在圣保罗学校学习，然后在 1673 年进入牛津大学王后学院学习天文学。在他还是本科生的时候，哈雷就发表了有关太阳系和太阳黑子的论文。毕业后他去圣赫勒拿岛建立了一座临时天文台。在那里，哈雷仔细观测天象，编制了第一个南天星表，弥补了天文

埃德蒙多·哈雷

学界原来只有北天星表的不足。哈雷的这个南天星表包括了 381 颗恒星的方位，它于 1678 年刊布，当时他才 22 岁。1703 年，经过多年的等待，哈雷终于被牛津大学任命为萨维尔几何学教授，并于 1710 年获得了法学博士学位。1720 年，哈雷接替约翰·弗拉姆斯蒂德（John Flamsteed）在格林尼治天文台的职位，成为英国第二位皇家天文学家，一直担任这一职位直至他 1742 年去世。他被埋葬在圣玛格丽特古老教堂的墓地里。

哈雷最广为人知的贡献就是他对一颗彗星的准确预言。在 1682 年以来的一系列观察的基础上，哈雷于 1705 年出版了《彗星天文学概论》（Synopsis Astronomia Cometicae），书中阐述了 14—17 世纪间出现的 24 颗彗星的运行轨道，他表示相信，出现在 1531 年、1607 年和 1682 年的三颗彗星可能是同一颗彗星的三次回归，并预言这颗彗星将于 1758 年返回。后来，这颗彗星如期而至。尽管哈雷并没有活着看到那颗彗星的回归，却因为那一彗星被命名为哈雷彗星而有了不朽的名声。

物理学应当感谢哈雷，因为他的再三敦促，才会诞生科学史上最伟大的著作——《自然哲学的数学原理》（1687 年，艾萨克·牛顿著）。而浓缩在其中的戏剧性的传奇或可以回溯到几年前：

话说在 1680 年的欧洲科学之旅后，哈雷对开普勒的行星运动定律产生了疑问。随后在 1683 年前后，他与胡克、雷恩讨论了是否可以由反平方定律来推导出行星的椭

圆轨道,但未能给出证明。1684年夏,哈雷带着这个困惑了他多年的问题,前往剑桥找到牛顿。在那里,他发现牛顿已经证明了这一点以及还有其他非常重要的结果,但似乎没有公布它们。哈雷的困惑就此画上了句号。不过,他和牛顿的科学交往则刚刚开始,原本牛顿不愿意发表自己的科学观察和研究所得,可是在哈雷的再三游说下,牛顿终于同意写《自然哲学的数学原理》一书。1687年,这部最伟大的科学著作正式出版。300多年后的今天,我们不由得感怀,哈雷的天才不仅在于他在天文学等领域的诸多发现,还在于他能够认识到牛顿的天才与伟大,并敦促和资助那部大书的出版。

罗伯特·胡克(Robert Hooke,1635—1703)是17世纪英国最杰出的科学家之一。他在力学、光学、天文学等多个领域都有出色的贡献。他还是一位自然哲学家、建筑师和博物学家。在一些科学史家的眼里,他是"英格兰的莱昂纳多"(England's Leonardo)。

罗伯特·胡克

胡克于1635年7月28日出生在英国怀特岛的弗雷斯沃特。年轻时的胡克热衷于观察身边的一切:动物、植物、岩石、悬崖和海滩。他也对机械玩具和钟表着迷,经常试着制作一些作品。他相信大自然是一个复杂的机器,可以让他的想象力和才能自由驰骋。少年胡克还展示了出色的绘画才能。1653年,胡克从威斯敏斯特学校毕业后,进入牛津大学读书。在牛津,胡克不单学习天文学,还参与生物学的研究,并用他的力学知识给同学们留下了深刻的印象。数十年如一日,胡克的科学工作涉及多个领域。在物理学上,他提出了著名的胡克定律;在机械制造学上,他设计制造了真空泵、显微镜和望远镜,并将自己用显微镜观察所得写成《显微术》一书,细胞一词即由他命名;他还在城市设计和建筑领域留下了不寻常的足迹……胡克的诸多科学故事与人生传奇,多少由于与牛顿之间的争论导致他在1703年去世后少为人知。不管如何,这位17世纪的传奇人物值得我们来探寻他的科学传奇。

克里斯托弗·雷恩(Christopher Wren,1632—1723),17世纪英国天文学家、几何学家。他也是欧洲历史上最著名的建筑师之一。许多著名的建筑——比如,牛津大学的谢尔登剧院,剑桥大学的图书馆,圣保罗大教堂等均出自雷恩的巧手。他还是英国皇家学会的创始人之一。

克里斯托弗·雷恩于1632年10月30日出生在英格兰西南部的威尔特郡的一个乡村东诺伊尔(East Knoyle)。关

克里斯托弗·雷恩

于他大学前的教育背景我们知之甚少，他可能在威斯敏斯特学校读过书。1650年6月25日，雷恩进入牛津大学瓦德汉姆学院读书，并于1651年获得学士学位，两年后又获得硕士学位。1657年，雷恩被任命为伦敦格雷沙姆学院天文学教授。1661年，雷恩被选为牛津大学的萨维尔天文学教授。作为英国皇家学会的创始者之一，雷恩于1680年至1682年担任皇家学会会长。他的科学著作涉及天文学、光学、宇宙学、力学、显微学、医学和气象学。1673年11月雷恩被授予爵位。在他辞去牛津大学的萨维尔教授职位后，他已经开始作为建筑师留下自己的印记。在1663年计划重建圣保罗大教堂时，他获得了数学家的称号，其后致力于建筑学。雷恩于1723年2月在伦敦去世，被安葬于圣保罗大教堂。在教堂门口他的墓碑上，刻有如下的拉丁文语句：

SI MONUMENTUM REQUIRIS, CIRCUMSPICE.（你在寻找他的纪念馆吗？请看你的周围。）

在《物镜天哲》的"第五幕第一场　天才间的战争"那一场里，出现有诸多位科学人物。这里有他们的简约故事。

约翰·阿巴思诺特（John Arbuthnot，1667—1735），苏格兰作家、数理统计学家和医生。他是一个非常博学的人。阿巴思诺特与讽刺文学大师乔纳森·斯威夫特（Jonathan Swift）和著名诗人亚历山大·蒲柏（Alexander Pope）都是好友。他是微积分之争11人委员会的发起人。

阿巴思诺特于1667年出生在苏格兰的阿巴思诺特，大约在1685年前后，他从马里沙尔学院毕业并获得艺术学位。1691年，阿巴思诺特前往伦敦，其后在牛津大学教授数学和

约翰·阿巴思诺特

医学。他于1696年9月11日前往圣安德鲁斯大学注册为医学博士生。就在同一天，阿巴思诺特通过了论文答辩并获得了博士学位。他的学位论文缘于他已有的七篇医学论文。自1697年起，阿巴思诺特定居伦敦。1704年，他成为英国皇家学会会员，1705年，阿巴思诺特被任命为安妮女王（Queen Anne）的专职医生。

阿巴思诺特精通统计学理论，并将其应用于人口学的研究。他这方面的研究工作曾引起欧洲数学界的重视。阿巴思诺特写过多种科学著作，但却以文学成就闻名。阿巴思诺特在1712年写了一本讽刺小说，名叫《约翰牛的生平》，用来讽刺当时辉格党内阁的政策。这本小说确立了作为英国象征的约翰牛（John Bull）形象。在漫画家的笔下，约翰牛是一个头戴高帽、足蹬长靴、矮胖而愚笨的绅士形象。

亚伯拉罕·棣莫弗（Abraham De Moivre，1667—1754），法国数学家，一个很有故

事的人物,数理统计学的先驱者之一。在数学上以"棣莫弗公式"闻名于世。

亚伯拉罕·棣莫弗

棣莫弗于 1667 年 5 月 26 日出生在法国的一个乡村医生之家。他自幼接受家庭教育,稍大后进入当地一所天主教学校念书。自少年时代起,棣莫弗即喜欢数学。在他早期所学的数学著作中,棣莫弗最感兴趣的是克里斯蒂安·惠更斯关于赌博的著作,特别是惠更斯于 1657 年出版的《论赌博中的计算》一书,赋予他极大的灵感。

1684 年,棣莫弗来到巴黎,幸运地遇见了法国数学家、热心传播数学知识的奥扎纳姆(Jacques Ozanam)。在奥扎纳姆的鼓励下,棣莫弗学习了欧几里得的《几何原本》以及其他数学家的一些重要数学著作。因那个时期的一场欧洲的宗教骚乱,棣莫弗由法国移居英国。随后一直生活在英国,他对数学的所有贡献都是在英国做出的。

话说抵达伦敦后,棣莫弗立刻开始了如饥似渴地数学学习。为了谋生,棣莫弗做起了家庭教师,辅导一些学生数学,或在伦敦的咖啡馆教书。一个偶然的机会,他阅读到牛顿刚出版的《自然哲学的数学原理》一书,为之倾倒,他决心阅读并理解它。可是,那时候的他忙于生计,穿梭于一个又一个数学家教中,因此棣莫弗将这部巨著拆开后放在口袋里,以便在当他教完一家的孩子后去另一家的路上,可以赶紧阅读几页,由此他把这部书学完了。

1692 年,棣莫弗与哈雷成为朋友,不久之后与牛顿成为朋友。1697 年,在哈雷的帮助下,棣莫弗当选为英国皇家学会的会员。1735 年,棣莫弗被选为柏林科学院院士。多年后,又被法国的巴黎科学院接纳为会员。

作为数学家,棣莫弗在数学这一领域做出了出色的贡献。他发展了解析几何,在费马、帕斯卡、惠更斯等人工作的基础上,进一步推进了概率论的发展。著名的中心极限定理见证了他在数理统计学上的重要地位。此外,他将这些理论应用于赌博问题和精算表。在分析学上,著名的斯特林公式如是曰:

$$n! \ \sim \ \sqrt{2\pi n}\left(\frac{n}{e}\right)^n 。$$

你或许不知道,这一公式最初是棣莫弗发现的,它以如下的形式呈现:

$$n! \ \sim c \cdot n^{n+\frac{1}{2}} e^{-n} 。$$

斯特林(James Stirling)的数学贡献在于找到了这个精确的常数：$c = \sqrt{2\pi}$。

话说在 1707 年，棣莫弗导引出如下的公式：

$$\cos x = \frac{1}{2}(\cos nx + \mathrm{i}\sin nx)^{\frac{1}{n}} + \frac{1}{2}(\cos nx - \mathrm{i}\sin nx)^{\frac{1}{n}}, n \in \mathbf{N}.$$

这让他多年后（那是 1722 年）得以猜想说，

$$(\cos x + \mathrm{i}\sin x)^n = \cos nx + \mathrm{i}\sin nx.$$

这个公式后来被欧拉所证明。经由此架起一座连接复数与三角学的数学桥。

棣莫弗的一生，与贫穷相伴。尽管在数学科学上取得了很大的成功，但棣莫弗依然无法在任何一所大学获得教职。这其中至少有一部分原因或是因为英国人对其法国血统的偏见。

1754 年 11 月 27 日，棣莫弗在伦敦去世。关于他的死亡有一个颇具传奇色彩的数学传说：话说在临终前若干天，棣莫弗发现，他每天需要比前一天多睡 1/4 小时，如此各天睡眠时间将构成一个算术级数，当此算术级数达到 24 小时时，这位富有传奇色彩的数学家就长眠不醒了。

威廉·琼斯(William Jones，1675—1749)，英国数学家，最先使用 π 来表示圆周率的那位先生。他是牛顿和哈雷的好友。1711 年 11 月，他成为英国皇家学会会员。

琼斯于 1675 年出生在威尔士北部的安格尔西岛的乡村兰费克斯(Llanfechell)。在加入了当地的一所慈善学校后，他的数学天赋帮他找到了一份工作，给伦敦的一商人做会计。1695 年至 1702 年间，他曾在海上服役，在一艘军舰上讲授数学。他将数学应用于导航，研究计算海上位置的方法。回到英国后，他开始在伦敦教数学，一开始可能是在咖

威廉·琼斯

啡店里上课，收费很低。1706 年，琼斯出版了《帕尔马里鲁姆·马西修斯概论》(Synopsis Palmariorum Matheseos)，这是一本专为初学者设计的作品，其中包括微积分和无穷级数的一些定理。在此书中琼斯使用希腊字母 π 来表示圆周率——圆周与直径的比率。至于为何会选择 π，那或许只能是"尽在不言中"。

其后他的数学工作引起了当时英国最为重要的两位数学家——哈雷和牛顿的关注，不久后琼斯和他们成为好友。1711 年当选为英国皇家学会会员。琼斯后来成为牛顿许多手稿的编辑和出版人，并建立了一个非比寻常的图书馆，其中收藏有许多被

认为是英格兰最具有科学价值的图书。他的一个儿子——和他有着同样的名字,威廉·琼斯——后来成为一位著名的语言学家。

约翰·梅钦(John Machin,1680—1751)出生在英格兰。关于他早年的生活我们知之甚少。可能在 1701 年前后,他曾担任过泰勒的家教老师,教授泰勒数学。1713 年,梅钦被任命为伦敦格雷沙姆学院的天文学教授,他在这个职位上工作直到过世。1710 年 11 月,梅钦被选为英国皇家学会会员,他还是 1712 年牛顿-莱布尼茨微积分优先权之争仲裁委员会的成员之一。

约翰·梅钦

梅钦在数学上最为著名的贡献是以他的名字命名的"梅钦公式":

$$\pi = 16\arctan\frac{1}{5} - 4\arctan\frac{1}{239}。$$

这个公式或是梅钦在 1706 年前后发现的,他最先出现在威廉·琼斯的《帕尔马里鲁姆·马西修斯概论》一书里。经由这一公式,梅钦得以将圆周率计算到近似值 100 位。在那没有现代计算机的年代,这是一个了不起的科学贡献。

布鲁克·泰勒(Brook Taylor,1685—1731),英国数学家。在我们今日的大学数学课堂里,这位数学家以泰勒公式和泰勒级数闻名于微积分的数学世界。

泰勒于 1685 年 8 月 18 日出生在英格兰的埃德蒙顿。他在一个相当富裕的家庭中长大。由于父亲的影响,泰勒对音乐和绘画充满热爱。他大学前的教育或是在家中完成的。因此在他 1703 年进入剑桥大学圣约翰学院读书时,泰勒在经典文学和数学方面都有着良好的基础。尽管学的是法学专业,在剑桥,泰勒深度参与数学学习与研究。他在 1708 年

布鲁克·泰勒

写出了其人生中第一篇重要的数学论文,不过多年后才发表。1712 年,缘于一些数学家的引荐,泰勒被选为英国皇家学会会员,参与牛顿-莱布尼茨微积分优先权之争的 11 人仲裁委员会。

泰勒有两本具有重要影响的数学著作出现在 1715 年,《正的与反的增量方法》和《线性透视学》。这两部书在数学史上极为重要。在《正的与反的增量方法》一书中,泰勒陈述了现今以他的名字命名的"泰勒公式",尽管这个公式的现代形式依然需要等待

一些时日。"泰勒级数"一词需要等待多年后——那是1785年后才第一次被使用。而在《线性透视学》这部书里，泰勒给出了透视学的一些新原则，他以一种原始的，更为一般的形式阐述了绘画艺术的真正原理。进而为绘画的数学理论和后来的射影几何学奠定了一定的基础。泰勒还发表过关于动力学、磁学和热学方面的一些论文。

以上是数学论战中出现在牛顿一方的数学家们，下面让我们再来看看站在莱布尼茨一边的欧洲大陆的数学家们。

约翰·伯努利（Johann Bernoulli，1667—1748），17—18世纪欧洲最有影响力的数学家之一，那个时代分析学的奠基者之一。他在微积分学、变分法和数学物理上有着重要的贡献。他所在的伯努利家族可是一个神奇的数学家族。在其家族中，代代相传，人才辈出，连续出过10多位数学家，堪称是数学史上的一大奇迹。其中以雅各布·伯努利（Jacob Bernoulli），约翰·伯努利（Johann Bernoulli），丹尼尔·伯努利（Daniel Bernoulli）这三人最为著名。

约翰·伯努利

约翰·伯努利于1667年7月27日出生在巴塞尔。关于他大学前的教育背景人们知之不多。1683年，约翰·伯努利终于说服他的父亲允许他进入巴塞尔大学学习医学。原本他的父亲希望他学习商业，以便以后可以接管家族的香料贸易，但约翰不喜欢做生意。然而，大学时期他并没有在医学上花多少时间，而是跟随他的哥哥雅各布·伯努利一起学习和研究数学。两人都对莱布尼茨的无穷小分析产生了浓厚的兴趣，正是在莱布尼茨的思想影响和激励下，约翰·伯努利走上了研究和发展微积分的道路。1691年，约翰·伯努利去了日内瓦，在那里讲授微积分。后来又来到了巴黎，在这里他遇到了许多法国数学家，期间他为同样年轻的洛必达讲授微积分。洛必达后来成为法国最优秀的数学家之一。1705年，约翰·伯努利回到巴塞尔大学，接任雅各布·伯努利留下的教授席位。其后他在这里致力于数学教学，直到1748年去世。

约翰·伯努利采用通信等方式，与欧洲的其他科学家建立了广泛的联系，交流数学成果，讨论和辩论一些问题，由此在微积分、微分方程、变分法、力学等领域做出了出色的贡献。他的一生还致力于教学和培养人才的工作，他培养出一批出色的数学家，其中有18世纪的最伟大的数学家之一，欧拉。

洛必达（Marquis de L'Hôpital，1661—1704），法国数学

洛必达

家,一位出色的数学思想的传播者。

　　洛必达于 1661 年出生在法国的一个贵族家庭。他从小就非常喜欢数学。1691年,洛必达遇到了年轻的约翰·伯努利,那时他正在访问巴黎,并讲授数学的最新发展,即莱布尼茨的微积分。于是洛必达非常热情地邀请他给自己讲授这门魅力无穷的学问。约翰·伯努利同意了,这场面对面的数学授课尽管不到一年之久,却让他们二人成为亲密的朋友,开启了长达数十年之久的通信联系。1696 年,在整理约翰·伯努利授课笔记的基础上,洛必达出版了一部数学著作《阐明曲线的无穷小分析》,这是世界上第一本系统讲述微积分学的教科书。由此微积分得以广为传播。值得一提的是,这部书收藏有现今微积分的一个著名定理——洛必达法则,这个法则实际上是约翰·伯努利在一封信中告诉洛必达的。不管如何,因为《阐明曲线的无穷小分析》这部伟大的数学著作,洛必达可以当之无愧被载入数学的史册,成就他的不朽名声。除此之外,洛必达还写过一些代数、几何和力学的论文。作为一位值得尊敬的学者和传播者,洛必达,他为数学这项事业贡献了自己的一生。

　　米歇尔·罗尔(Michel Rolle, 1652—1719),法国数学家。微积分里著名的罗尔定理的发现者。他亦在代数学上有着重要的贡献。

　　罗尔于 1652 年 4 月 21 日出生在法国中南部奥弗涅的安伯特。因为家境贫寒,他接受一些小学教育后,通过担任公证人的抄写员或者律师的助理得以养家糊口。与此同时,罗尔独自研究代数和丢番图分析。1675 年,为了寻求更好

米歇尔·罗尔

的生活,他去了巴黎。罗尔的命运在 1682 年发生了戏剧性的变化,因解决了丢番图分析中一个著名问题,他获得了相关的奖励和进一步的科学赞助。1685 年他被选为法国科学院的院士。

　　罗尔在数学上的研究工作涉及丢番图分析、代数和几何。他最重要的工作或是一本关于方程代数的书,叫做 Traité d'algèbre,于 1690 年出版。在那本书中,罗尔证明了今天以他的名字命名的定理的多项式版本。后来他进一步加以推广,得到著名的罗尔定理,这一定理对微积分其他一些定理的证明至关重要。有意思的是,罗尔是早期微积分的反对者之一。当然,他之所以反对,或是因为那个时期的微积分还不够完善。微积分的大厦依然期待后来的许多数学家为其添砖加瓦……

　　皮埃尔·伐里农(Pierre Varignon, 1654—1722),法国数学家。他曾先后在耶稣会学院和卡昂大学接受教育,并于 1682 年在那里获得学位。1688 年,他被任命为马

扎兰学院教授,同年,当选为法国科学院院士。其后于 1713
年和 1718 年分别当选为柏林科学院院士、英国皇家学会
会员。

皮埃尔·伐里农

伐里农的数学学习开始于欧几里得的《几何原本》和笛
卡儿的解析几何,正是这两位大师的著作带领他走入数学的
多彩世界。伐里农是法国历史上第一批认识到莱布尼茨微
积分的力量和重要性的学者之一,也是法国倡导和应用无限
小微积分的先驱者之一。他利用莱布尼茨的微积分简化了
牛顿有关力学的数学证明。他的一生,出版有多部科学著
作。另外还值得一提的是,在初等几何中有一个很有趣的定理以他的名字命名:伐里
农平行四边形定理。

经由这些数学家各自不同的眼睛,当会看到不一样的相关于微积分的故事传奇。

3. 牛顿与莱布尼茨微积分之争

话说莱布尼茨于 1676 年底由法国回到德国汉诺威以后,在进一步深入研究微积
分的同时,将他 1673 年以来的许多研究成果进行整理和总结。

1684 年,他在《教师学报》(Acta Eruditorum)上,发表了他用拉丁文写的第一篇微
分学论文,题目有点长,即《一种求极大值与极小值和求切线的新方法,其对有理量和
无理量都适用,以及这种新方法的奇妙类型的计算》,这是数学史上第一篇正式发表的
微积分文献。在这篇论文中,莱布尼茨定义了微分,并采用微分符号 $\mathrm{d}x$ 和 $\mathrm{d}y$ 来表示
对 x 和 y 的微分;给出了函数的四则运算、乘幂与方根的微分公式,以及复合函数的链
式微分法则——后来被称为"莱布尼茨法则"。

两年之后的 1686 年,莱布尼茨发表了他的第一篇积分学论文,其中讨论了微分与
积分,此即切线问题与求积问题的互逆关系。

随后莱布尼茨的微积分迎来了它在欧洲大陆的众多追随者。特别是约翰·伯努
利和雅各布·伯努利,他们不仅领会了这个方法,还将其加以运用并传授给其他数学
家。莱布尼茨的微积分因此在欧洲大陆变得逐渐流行。人们都对莱布尼茨刮目相看,
将他视为微积分的理所当然的发明人。可是,这也是麻烦的开始。当英国的学者们以
及牛顿本人得知这一情况以后,他们坐不住了,决心捍卫牛顿的微积分优先发明权,以
夺回英国学者的荣誉。于是,一场旷世之久的微积分优先权之争由此拉开了序幕。

1695 年,英国数学家沃利斯(John Wallis)在他的《数学著作集Ⅰ》的序言中提到了
牛顿 1676 年写给莱布尼茨的两份"书信",称这位英国数学家已经在其中"向莱布尼茨

讲述了这个方法",因此暗示无穷小方法(即微积分)的发明权属于牛顿;在其后来的《数学著作集Ⅲ》中,沃利斯收录了一些莱布尼茨写给牛顿以及其他人的信件,进一步对莱布尼茨含沙射影地攻击,使人们觉得莱布尼茨是牛顿工作的剽窃者。

1699 年,旅居英国的瑞士学者丢利埃(Nicolas Fatio de Duillier)发表了一篇有关最速降线问题的长篇论文,其中以沃利斯书中的观点和材料为依据宣称:牛顿是微积分的"第一发明人",莱布尼茨是"第二发明人",牛顿比莱布尼茨早很多年发明了微积分,莱布尼茨则从牛顿那里有所借鉴,甚至可能剽窃。

故事变得有点扑朔迷离。丢利埃的攻击是在牛顿的默许下进行的吗?没有确切的证据表明这一点。是牛顿气愤至极,以至于他纵容这样的攻击?有些人说不是这样的,因为他还没有愤怒到极点。而有些人则认为,没有牛顿的同意,丢利埃不可能发表那样的攻击。

莱布尼茨很生气,这在情理中。不过,他依然认为牛顿应该是无辜的,因为牛顿已经在《自然哲学的数学原理》第一版中承认了他在微积分上的研究成果。之后莱布尼茨在《教师学报》上发表了一篇论文来对丢利埃的攻击做出回应。争论就此沉默了几年。

1703 年,牛顿被选为英国皇家学会的主席。尽管他那时的兴趣已从自然科学和数学转向政治和管理领域,牛顿还是在之后的 1704 年,最终发表了他在光学上的成果。在这部其名曰《光学》的著作附录中,牛顿增添了两篇数学论文。其中一篇是《论求积》(On Quadrature)。1691 年他开始写这篇论文,但一直没有写完,最后出现于此。这篇论文看着很有趣,某种程度上,它是一个再声明,也是对 1676 年给莱布尼茨第二封信的扩充,里面有对送给莱布尼茨的扑朔迷离字谜的解释。莱布尼茨在随后的 1705 年 1 月在《教师学报》上匿名评论了牛顿的《光学》。他称这本书造诣颇深,但该书的两个数学方面的附录有错误。这真是一个极为糟透的事!

几年后,微积分的"论战"再起战火。这回是由于牛顿的一个追随者约翰·凯尔(John Keil)的煽风点火。在一篇本来并不起眼的、发表在《哲学汇刊》(1708 年 10 月)上的论文中,凯尔这样评论道:"所有这一切都是从现在大家高度称赞的流数方法中得出的,而关于这个流数方法,毫无疑问是牛顿爵士首先发明的——只要人们阅读由沃利斯出版的牛顿先生的书信就可以清楚这一点,可同样的数学方法后来却由莱布尼茨先生用化名和不同的标记方法的情况下在《教师学报》上发表了。"

矛盾再升级。1711 年 3 月,莱布尼茨正式向英国皇家学会提出抗议。而牛顿则因为看到莱布尼茨多年前的匿名评论而大为愤怒,两位科学巨匠关于微积分的优先权之争或许在那时真正开始了。

1712 年,英国皇家学会成立了一个调查牛顿-莱布尼茨微积分优先权之争的专门委员会,其成员由上面提到的 11 人组成。委员会实际上处于当时的英国皇家学会会长牛顿的操纵之下,其后的调查公告表明:牛顿是微积分的第一发明人。

1714 年,莱布尼茨发表了《微积分的历史和起源》,文中陈述了他研究微积分的经过,以及就英国数学家声称他的方法来自牛顿作了自己的答复。

1716 年,莱布尼茨逝世于德国汉诺威。11 年后,牛顿也走完了他生命的历程。这以后,微积分优先权之争依然在双方的后继者和崇拜者们中间延续着,不过有所缓和。经过 300 多年的等待,历史终于道出了一个公正的结论:牛顿和莱布尼茨相互独立地创建了微积分。

微积分诞生于 17 世纪的欧洲,有其历史的必然性。正像数学家鲍耶(W・Bolyai)所说:"很多事情仿佛都有那么一个时期,届时它们就在很多地方同时被人们发现了,正如在春季可看到紫罗兰处处开放一样。"在科学史上,重大的真理往往在条件成熟的同一时期由不同的探索者相互独立地发现,就像到了春天,紫罗兰处处开放一样。解析几何的诞生,微积分的创始,情形也是如此。

从研究微积分的时间看,牛顿或开始于 1664 年,比莱布尼茨早约 9 年。牛顿在 1665 年 11 月发明流数术,即微分学,1666 年 5 月建立反流数术,即积分学。而莱布尼茨则在 1673 年开始研究微积分,然后于 1675—1676 年间先后建立微分学和积分学。从微积分著作发表的时间看,莱布尼茨比牛顿早 3 年。莱布尼茨先后于 1684 年和 1686 年发表了微分学和积分学的论文,其中阐述了微分和积分的互逆关系。而牛顿关于他的微积分的第一次公开表述出现在 1687 年出版的巨著《自然哲学的数学原理》中。在此书的前言中曾有过这样一段说明:

"十年前,我在给学问渊博的数学家莱布尼茨的信中曾指出:我发现了一种方法,可用以求极大值、极小值,作切线,以及解决其他类似的问题,而且这种方法也适用于无理数……这位名人回信说他也发现了类似的方法,并把他的方法给我看了。他的方法与我的大同小异,除了用语、符号、算式和量的产生方式外,没有实质性区别。"

这可以说是对微积分发明权问题的客观评述,遗憾的是,这些话在《原理》第 3 版时被删去了,原因是其间牛顿与莱布尼茨之间发生了关于微积分优先权问题的争执。

这里值得一提的是,尽管发生了纠纷,两位学者却从未怀疑过对方的科学才能。有一则记载说,1701 年在柏林王宫的一次宴会上,当普鲁士国王问到对牛顿的评价时,莱布尼茨回答道:"综观有史以来的全部数学,牛顿做了一多半的工作。"

这场因为微积分优先权而引起,带有民族主义色彩的"数学战争",致使在整个 18 世纪,英国数学家与欧洲大陆数学家在研究上分道扬镳。尽管牛顿在微积分应用于科学方面的辉煌成就曾极大地促进了科学的进步,但由于英国数学家固守牛顿的传统以至于英国的数学脱离了数学发展的时代潮流,渐渐落后于欧洲大陆国家。18世纪的分析学,经由约翰·伯努利、雅各布·伯努利、欧拉、达兰贝尔和拉格朗日、拉普拉斯等众多数学家的努力,不断获得新的成果,开辟出许多新的数学分支,逐渐成为一座巍峨的数学大厦。

英国的世界数学中心地位,相继被法国和德国所取代。

事实上,最富有创造性成就的数学"福地"法国和后发有为的德国,相继取代了英国的数学领先地位,成为欧洲数学发展的中心。分析学的进步在18世纪主要是由欧陆国家的数学家在发展莱布尼茨微积分方法的基础上而取得的。

4. 话剧相约——无穷级数

微积分故事的开篇,或可源自那些无穷级数的求和,比如

$$1 + \frac{1}{3} + \frac{1}{6} + \frac{1}{10} + \cdots = ?$$

这是出现在话剧第四幕里,数学物理学的大师惠更斯先生试着来"刁难"当时还是数学菜鸟的莱布尼茨的一个问题。此问相当于求"所有三角形数的倒数的无穷序列的和"。

在阅读诸多前辈数学家的书籍和作品后,天才的莱布尼茨和我们分享了形如下的解答:

经由

$$\frac{1}{1 \cdot 2} + \frac{1}{2 \cdot 3} + \frac{1}{3 \cdot 4} + \frac{1}{4 \cdot 5} + \cdots$$
$$= \left(1 - \frac{1}{2}\right) + \left(\frac{1}{2} - \frac{1}{3}\right) + \left(\frac{1}{3} - \frac{1}{4}\right) + \left(\frac{1}{4} - \frac{1}{5}\right) + \cdots$$
$$= 1,$$

于是,我们有

$$1 + \frac{1}{3} + \frac{1}{6} + \frac{1}{10} + \cdots = 2!$$

这是一个属于天才的解答。无怪乎伟大如惠更斯者,亦赞赏道:

我的朋友,您真是智慧绝伦! 想不到短短的一个月,您竟然收藏和懂得了无穷级数求和的精彩和精髓哪! 在这里,我很乐意来和您分享一个不一样的解法,一个属于我的解法。

惠更斯随后向我们展示了如下的方法：

$$1+\frac{1}{3}+\frac{1}{6}+\frac{1}{10}+\frac{1}{15}+\frac{1}{21}+\frac{1}{28}+\frac{1}{36}+\frac{1}{45}+\frac{1}{55}+\frac{1}{66}+\cdots$$

$$=1+\left(\frac{1}{3}+\frac{1}{6}\right)+\left(\left(\frac{1}{10}+\frac{1}{15}\right)+\left(\frac{1}{21}+\frac{1}{28}\right)\right)+\cdots$$

$$=1+\frac{1}{2}+\frac{1}{4}+\cdots=2。$$

这个方法依然是如此的美丽！

与这个无穷级数相关的，我们会想到问

$$1+\frac{1}{2^2}+\frac{1}{3^2}+\frac{1}{4^2}+\frac{1}{5^2}+\frac{1}{6^2}+\cdots=?$$

此即，所有四边形数（亦即平方数）的倒数之和是多少？

这是一个很有挑战性的问题。

在莱布尼茨发明微积分的多年后，在一篇名曰《论无穷级数及其有限和》论文的最后，雅各布·伯努利称，尽管级数

$$1+\frac{1}{3}+\frac{1}{6}+\frac{1}{10}+\frac{1}{15}+\frac{1}{21}+\cdots$$

的求和问题易如反掌，但奇怪的是，平方倒数的和却难以求出。他说："如果有谁解决了这个迄今让我们束手无策的难题，并告知我们，我们将十分感激他。"

后来这一数学难题以巴塞尔问题著称。在其后诸多年让许多一流的欧洲数学家束手无策。

1735年——距离雅各布的论文46年后，年轻的欧拉成功地捕获了这个级数演绎的梦境：

$$1+\frac{1}{2^2}+\frac{1}{3^2}+\frac{1}{4^2}+\frac{1}{5^2}+\frac{1}{6^2}+\cdots=\frac{\pi^2}{6}。$$

这是一件非常奇妙的事，没有人会想到单纯的级数求和竟然会和神奇的 π 这样一个超越数联系在一起。

欧拉的哲思看似简单又奇妙：他利用了下面的方程

$$\frac{\sin x}{x}=0,$$

此即无穷次多项式方程

$$1 - \frac{x^2}{3!} + \frac{x^4}{5!} - \frac{x^6}{7!} + \cdots = 0$$

的根与系数的关系来求和。为此，他注意到方程 $\frac{\sin x}{x} = 0$ 的根为

$$\pm\pi, \pm 2\pi, \pm 3\pi, \pm 4\pi, \pm 5\pi, \pm 6\pi, \cdots。$$

于是上面的第二个方程的左边可以写成

$$\left(1 - \frac{x^2}{\pi^2}\right)\left(1 - \frac{x^2}{4\pi^2}\right)\left(1 - \frac{x^2}{9\pi^2}\right)\left(1 - \frac{x^2}{16\pi^2}\right)\cdots,$$

比较方程两边 x^2 项的系数即可得到

$$-\left(\frac{1}{\pi^2} + \frac{1}{4\pi^2} + \frac{1}{9\pi^2} + \frac{1}{16\pi^2} + \cdots\right) = -\frac{1}{3!},$$

因此有

$$1 + \frac{1}{2^2} + \frac{1}{3^2} + \frac{1}{4^2} + \frac{1}{5^2} + \frac{1}{6^2} + \cdots = \frac{\pi^2}{6}。$$

在我们的话剧中，还出现另外一个奇妙的级数：

$$1 - \frac{1}{3} + \frac{1}{5} - \frac{1}{7} + \cdots = \frac{\pi}{4}。$$

这是著名的莱布尼茨级数。这一奇妙的级数，它的项遵循着一个极为普通的模式：带有交替正负号的奇数的倒数……然而神奇的是，这个无限级数的和却与圆周率 π 相关。

在现在看来，莱布尼茨导引出这一有趣结论的过程有点"琐碎"：让我们从考察这样的一段圆弧开篇：经由"圆的方程"：$(x-1)^2 + y^2 = 1$，我们可得到

$$z = y - x\frac{\mathrm{d}y}{\mathrm{d}x} = y - x \cdot \left(\frac{1-x}{y}\right) = \cdots = \frac{x}{y}。$$

可将割圆曲线 z 的项来表达 x：$x = \frac{2z^2}{1+z^2}$。

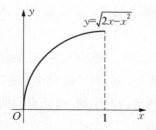
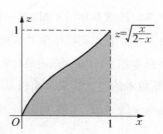

若将上面的所求代入到他的变换定理：

$$\int_a^b y \, \mathrm{d}x = \frac{1}{2}\int_a^b z \, \mathrm{d}x + \frac{1}{2}\left[xy\big|_a^b\right], \text{其中 } z = y - x\frac{\mathrm{d}y}{\mathrm{d}x}$$

之后，我们有：

$$\frac{\pi}{4} = \frac{1}{2}xy\big|_0^1 + \frac{1}{2}\int_0^1 z \, \mathrm{d}x = \frac{1}{2} + \frac{1}{2}\left[1 - \int_0^1 x \, \mathrm{d}z\right]$$

$$= 1 - \int_0^1 \frac{z^2}{1+z^2}\mathrm{d}x$$

$$= 1 - \int_0^1 \left[z^2 - z^4 + z^6 - \cdots\right]\mathrm{d}x$$

$$= 1 - \frac{1}{3} + \frac{1}{5} - \frac{1}{7} + \cdots$$

因此莱布尼茨级数跃然纸上：

$$1 - \frac{1}{3} + \frac{1}{5} - \frac{1}{7} + \cdots = \frac{\pi}{4}。$$

是的。多么神奇！经由微积分学的"魅力之盒"，我们可以似魔术一般地发现许多奇妙的公式。微积分——the calculus 的数学世界，浩如烟海，富含七彩故事传奇。

5. 相约微积分学基本定理

$$\int_a^b f(x)\mathrm{d}x = F(x)\big|_{x=a}^{x=b},$$

其中函数 $f(x)$ 在 $[a, b]$ 上连续，而 F 是 f 的一个原函数：$F'(x) = f(x)$。

这是著名的牛顿-莱布尼茨公式，通常也被称为微积分学基本定理。此定理揭示了微分与积分之间的联系，因而在微积分学中占有基础而重要的地位。

微积分学基本定理涉及微分和积分，表明这两者是互逆的。在此之前，数学家们没有认识到这两个运算是相关的。古希腊数学家知道如何通过无穷小来计算面积，这个过程我们现在称之为积分。微分起源于作曲线的切线和求函数的极值问题，这同样早于微积分基本定理数百年。不过，在牛顿和莱布尼茨之前的数学家，大都没有认识到微分与积分这两个看似不同的运算实际上是密切相关的。

微积分学基本定理的最早陈述是由牛顿给出的。在 1666 年的《流数术简论》一文中，他借助于流数术的逆运算来求面积，从而建立了所谓的"微积分学基本定理"。

为此牛顿将曲线 AFD 看作是由 x 和 y 的运动产生的，由此可知曲线下的面积

$AFDB$ 是由动坐标 BD 产生的。注意到面积的流数是纵坐标与 BD 的流数的乘积。这就是说,若记 $A(x)=$ 从 0 到 x 的 $y=f(x)$ 下的面积,则有 $\mathrm{d}A/\mathrm{d}x=f(x)$。这正是微积分学的基本定理。

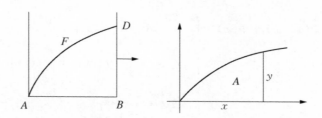

1677 年,莱布尼茨在一篇手稿中明确地陈述了微积分学基本定理。给定一条曲线,其纵坐标为 y,求此曲线下的面积。莱布尼茨假设可以求出一条曲线(他称之为"割圆曲线"),其纵坐标为 z,使得: $\dfrac{\mathrm{d}z}{\mathrm{d}x}=y$,此即 $y\mathrm{d}x=\mathrm{d}z$。

于是原来曲线下的面积是:

$$\int y\mathrm{d}x=\int \mathrm{d}z=z。$$

若将这一公式限定在区间 $[a, b]$ 上,可得到

$$\int_a^b y\mathrm{d}x=z(b)-z(a)。$$

这里值得一提的是,在牛顿的老师,英国数学家巴罗(Isaac Barrow)的《几何讲义》(1670)和苏格兰数学家格雷戈里(James Gregory)的《几何的通用部分》(1668)都呈现有微积分学基本定理的相关陈述。

一个多世纪后,法国数学家柯西(Augustin-Louis Cauchy,1789—1857)给我们带来了微积分基本定理的现代陈述:

如果函数 $f(x)$ 在闭区间 $[a, b]$ 上连续,且存在原函数 $F(x)$,此即 $F'(x)=f(x)$。 则有

$$\int_a^b f(x)\mathrm{d}x=F(b)-F(a)。$$

柯西关于微积分学基本定理的证明借助于以他的名字命名的积分中值定理:

柯西积分中值定理　设函数 $f(x)$ 及其导数 f' 在 $[a, b]$ 上连续,则存在 $\xi \in (a, b)$ 使得

$$\frac{f(b)-f(a)}{b-a}=f'(\xi)。$$

为证明柯西笔下的微积分学基本定理,让我们考察函数 $\Phi(x)=\displaystyle\int_a^x f(t)\mathrm{d}t$,易见

$$\Phi(x+\alpha)-\Phi(x)=\int_a^{x+\alpha}f(t)\mathrm{d}t-\int_a^x f(t)\mathrm{d}t$$
$$=\int_a^x f(t)\mathrm{d}t+\int_x^{x+\alpha}f(t)\mathrm{d}t-\int_a^x f(t)\mathrm{d}t$$
$$=\int_x^{x+\alpha}f(t)\mathrm{d}t。$$

而由积分中值定理,存在有 $\theta\in[0,1]$,使得

$$\int_x^{x+\alpha}f(t)\mathrm{d}t=(x+\alpha-x)f[x+\theta(x+(\alpha-x)]=\alpha f(x+\theta\alpha)。$$

于是

$$\Phi'(x)=\lim_{\alpha\to0}\frac{\Phi(x+\alpha)-\Phi(x)}{\alpha}=\lim_{\alpha\to0}\frac{\alpha f(x+\theta\alpha)}{\alpha}$$
$$=\lim_{\alpha\to0}f(x+\theta\alpha)=f(x)。$$

其中最后一步用到了函数 $f(x)$ 的连续性。此即有

$$\frac{\mathrm{d}}{\mathrm{d}x}\int_a^x f(t)\mathrm{d}t=f(x)。$$

这正是微积分学基本定理的"最初形式"。

为得到微积分学基本定理的经典形式,我们令 $\omega(x)=\Phi(x)-F(x)$,其中 $F(x)$ 是 $f(x)$ 的任何一个原函数。注意到

$$\omega'(x)=\Phi'(x)-F'(x)=f(x)-f(x)=0。$$

于是存在常数 c,使得 $\omega(x)=\Phi(x)-F(x)=c$。若再令 $x=a$,则有

$$c=\Phi(a)-F(a)=0-F(a)=-F(a)。$$

因此我们迎来了柯西笔下的微积分学基本定理:

如果 $F'(x)=f(x)$,且 $f(x)$ 是连续的,则有 $\displaystyle\int_a^b f(x)\mathrm{d}x=F(b)-F(a)$。

在柯西之后数十年,天才数学家黎曼(Georg Friedrich Bernhard Riemann, 1826—1866)将柯西先生的微积分学结果加以拓展,给出了如下形式的微积分学基本定理:

如果函数 $f(x)$ 在闭区间 $[a,b]$ 上黎曼可积,且存在原函数 $F(x)$。则有

$$\int_a^b f(x)\mathrm{d}x = F(b) - F(a)。$$

伴随 20 世纪的时间舞步,微积分基本定理的相关内容被进一步拓展与延伸到实变函数论和微分几何学等诸多领域。

在微积分学降生后,分析学走过了漫长的路程……经由许许多多数学家的努力,这门学科才变得完美……在微积分的传承和接力之旅中,有许多大人物和小人物都是分析学这一数学大厦的伟大建筑师。数学的故事总是说不完的,让我们为之喝彩!

是的,经由微积分的故事历程,年轻的同学们将会体验到数学世界中最深奥的想象力!

参考文献

［1］汪晓勤. HPM：数学史与数学教育［M］. 北京：科学出版社，2017.

［2］李文林. 数学史概论［M］. 北京：高等教育出版社，2011.

［3］M. 克莱因. 古今数学思想［M］. 上海：上海科学技术出版社，2013.

［4］Victor J Katz. 数学史通论［M］. 李文林，邹建成，胥鸣伟，等译. 第二版. 北京：高等教育出版社，2004.

［5］汪晓勤，韩祥临. 中学数学中的数学史［M］. 北京：科学出版社，2002.

［6］张远南. 函数和极限的故事［M］. 北京：中国少年儿童出版社，2005.

［7］西奥妮·帕帕斯. 数学原来这么有趣［M］. 何竖芬，译. 北京：电子工业出版社，2008.

［8］蒋声. 形形色色的曲线［M］. 上海：上海教育出版社，1985.

［9］吴文俊. 世界著名数学家传记［M］. 北京：科学出版社，2003.

［10］哈尔·赫尔曼. 数学恩仇录：数学家的十大论战［M］. 范伟，译. 上海：复旦大学出版社，2009.